濮绸溯源

——兼论濮绸的非遗保护与传承创新

冯继延 编著

·杭州·

序 言

在众多的丝绸纺织非物质文化遗产中，濮绸无疑是一颗璀璨的明珠。濮绸是桐乡市濮院出产的传统丝绸产品，是我国丝绸史上著名的丝绸品种之一，被誉为“天下第一绸”，与杭纺、湖绉、菱缎并称为“江南四大名绸”。因此，濮绸丝织技艺被列入了浙江省第三批非物质文化遗产名录。

濮院镇位于桐乡市东部，宋代建炎以前是个“草市”，习称“幽湖”。宋高宗建炎初年，宋王朝内忧外患，宋室南渡，原籍山东曲阜的驸马都尉濮凤迁居“幽湖”，成为濮院的开镇祖师。从此，濮氏家族把北方的蚕桑和丝织技艺带到了濮院，濮绸由此而兴盛起来。到了明清时期，濮院更是家家养蚕，户户机杼，日出万绸，商贾云集，成为与江苏盛泽镇齐名的江南五大名镇之一。

濮绸有着深厚的历史文化积淀，蕴含着桐乡特有的精湛工艺、民间智慧、灿烂文化，是人类文明的瑰宝。然而，由于历史的沧桑巨变，濮绸的织造技艺、丝织匠人、历史古迹、濮绸产品遗存不多，后人知之甚少，实在是丝绸历史文化领域的一大缺憾。

值得欣喜的是，出身丝绸世家的桐乡市非物质文化遗产传承人冯继延先生，从孩提时代开始就对濮绸丝织生产的场景有着深切的印记，对濮绸的前世今生进行了执着恒久的探究，对濮绸的保护、传承和创新有着深远的思考。为此，冯继延先生专门编著了《濮绸溯源——兼论濮绸的非遗保护与传承创新》一书，全面展现了濮绸的前世今生，并呼吁全社会全方位唤起行动自觉，站在新时代的重要节点上，对濮绸这一历史文化瑰宝的抢救、复原、重生、传承、创新提出了新的思路、对策和举措。

该书的出版发行，必将为进一步加快濮绸"国家级非遗"乃至"世界级非遗"的申遗保护，擦亮历经千年洗礼的这一桐乡历史"金名片"，提升桐乡的历史文化价值和现代城市品位，做出新的贡献。

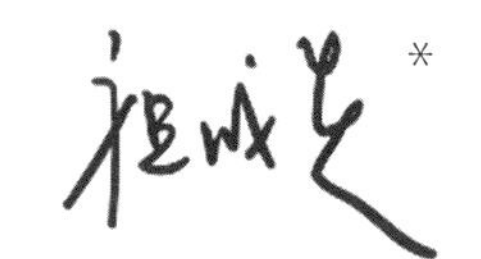
*

2021年1月13日

---

* 祝成炎：浙江理工大学国际丝绸学院教授、博导，中国非物质文化遗产传承人群研修研习培训计划"织锦技艺传承和创意设计"研修班项目负责人，中国纺织非物质文化遗产推广大使。

目 录

第一章　濮绸起源的历史背景

第二章　千年濮绸的前世今生

第三章　濮绸精湛的传世技艺

第四章 濮绸的失传与重生

第一章

濮绸起源的历史背景

第一节　源远流长的中国丝绸

中国是世界丝绸的故乡，栽桑、养蚕和利用蚕丝织造丝绸及其服饰制品，是中国古代人民的伟大发明。中国丝绸起源最早，传播面广，丝绸花色品质和工艺技术具有独特的中华民族风格，丝绸生产技术在相当长的历史时期一直处在世界前列。

一、一南一北，两个“最早”

据考古发现，蚕茧的利用、家蚕的养殖和丝绸的生产，早在新石器时代（大约 1 万年前至距今 5000 多年）就已经开始了。1958 年，浙江吴兴的钱山漾新石器时代遗址出土的丝织品中有绸片、丝带和丝线，经测定年代为公元前2750±100年，是中国南方发现最早、最完整的丝织品。1984年河南省在发掘荥阳县青台村一处仰韶文化遗址中发现了公元前3500年的丝织品，除平纹织物外，还有浅绛色罗，组织十分稀疏，这是迄今发现北方蚕丝的最早物证。

中国各地在历史遗址中，均发现了大量的出土茧丝、丝织品，以及纺轮和纺锤等纺织工具。比如：在浙江余姚河姆渡新石器文化（距今6000多年）遗址中出土了一个盅形雕器，在这件文物上刻有四条蚕纹，仿佛四条蚕还在向前蜿蜒爬行，头部和身躯上的横节纹也非常清晰，应是一种野蚕。

图1　河姆渡遗址出土的6000多年前的蚕纹盅型雕器

在山西夏县西阴村一处遗址中，发现了一颗被割掉了一半的丝质茧壳，虽然已经部分腐蚀，但仍有光泽，而且茧壳的切割面极为平直，其时代距今约 6000—5600 年。公元前 5000 年左右的河北磁山遗址、公元前 4000 余年的浙江河姆渡遗址、距今 6700—5600 年之间的陕西西安半坡遗址、临潼姜寨遗址（公元前 4600—前 4400 年）等，都有刻纹的纺轮出现，有的呈扁圆形，有的呈鼓形。而长江中下游的屈家岭文化遗址（位于湖北省京山县，以黑陶为主的文化遗存，距今 4800 年）中，纺轮造型更为丰富，而且有些还加以彩绘。纺轮主要是用来纺线的，之后又出现了带有机械性质的纺织工具。

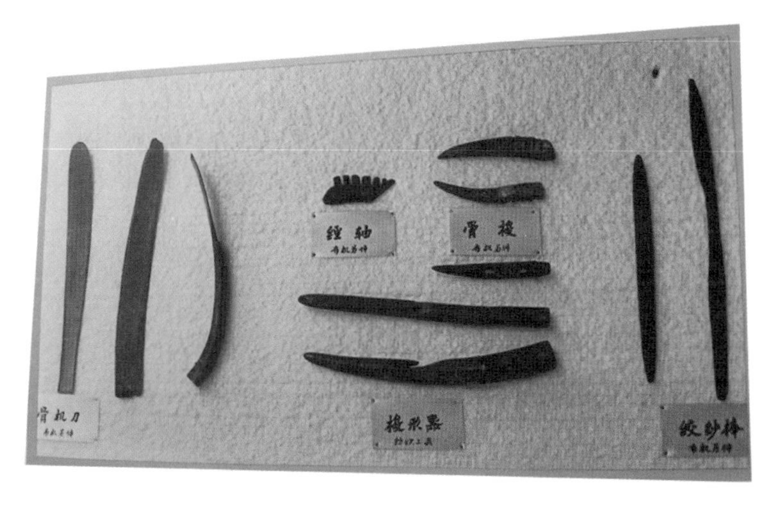

图 2　河姆渡遗址出土的纺织器具

在出土于四川成都百花潭的一件战国铜壶上，可以见到一幅有名的采桑图。战国（公元前475—前221年）时期，四川即已享有“天府”之誉。而早在夏商（公元前22世纪—前11世纪）时期，蜀地也有蚕丛、柏灌、鱼凫相继为王，“三代各数百岁，皆神化不死”。《史记》记载黄帝育有两子，二子叫昌意，昌意后娶蜀山氏女为妻，生高阳，高阳即颛顼，继承了黄帝之位，蜀人是高阳的子孙。传说中黄帝之妻嫘祖是养蚕始祖，蜀人继承了这份事业。古蜀国的第一代君主叫蚕丛，可见这个部族是以蚕为图腾的。四川广汉三星堆出土的青铜器上有一些龙的图案，也有一些龙形的附件，这些龙的形态与中原青铜器上的龙不同，身体像蚕，这可能与蜀地的蚕崇拜有关。

二、历经沧桑，一脉相承

殷商、西周、春秋时期，中国桑蚕丝绸生产的主产区在黄河中下游，其次是长江中下游。

商代是我国青铜器鼎盛时期，蚕桑丝绸生产已经兴起，缫织、染色等工艺技术初具雏形，桑蚕丝绸生产已经成为社会生产的重要组成部分。战国时期是中国历史上奴隶制向封建社会转变的社会大变革时代，铁器的使用大大提高了农业和手工业的劳动生产率。汉初，汉王朝采取“休养生息”的政策，提倡农桑。该时期农业有了很大的发展，蚕桑业亦形成了一定规模。

战国、秦汉时期，无论从生产工艺和机具而言，还是从丝绸生产而言，都是十分突出的。随着丝绸业的发展，中国丝绸在对外经济交流中大量输出，促进了世界丝绸业的兴起。汉武帝时期北击匈奴，控制了通向西域的河西走廊。张骞两次出使西域，沟通了中原内地通向西域并连贯欧亚大陆的丝绸之路。从此，中国的蚕丝与丝绸制品源源不断地通过丝绸之路输往中亚、西亚并到达欧洲，丝绸之路沿途出土的大量汉代丝绸织物就是当时贸

图 3　古农桑书

易繁荣的物证。中国的丝绸生产技术也在这一时期传播到中亚地区。魏晋南北朝时期，战争连绵不绝，国家长期分裂，政权频繁更替。剧烈的社会动荡、复杂的政治格局、持续的民族交融、广泛的国际往来，令丝绸生产虽发展艰难，但内涵丰富，面貌多样。这一时期，北方仍然是丝织品的主要产区，四川成都地区丝绸业一向发达，江南地区由于三国时的相关政策，开发丝绸业有了新的起色，经过南朝的经营进一步得到发展，为唐代中期以后江南丝织业的崛起奠定了基础。

三、盛唐天下，生机勃发

隋唐、五代时期是中国封建社会发展的高峰，总的来说国家强盛、经济发达、商业繁荣，尤其是文化上的开放，显示了这一时代雍容大度、兼蓄并包的风格。丝绸业也在这一社会基础上出现了发展高潮，它在中国丝绸发展史上占有极其重要的地位。唐代的官营丝绸生产机构，有著名的少府监下的织染署，下设25个作坊，从现代技术分工看，主要分为机织、编织、纺纱、炼染4类。除了织染署之外，唐代的官营织造机构中，还有宫廷中的专业丝绸生产工匠“绫锦坊巧儿三百六十五人，内作使绫匠八十三人，掖庭绫匠一百五十人”。其中绫锦坊就是少府监织染署中的织纴之作，是绫锦等10个作坊的简称。唐代发达的官营织造，带动了“织造户”和民间丝绸生产的大发展。“织造户”是一种有别于官营和民营的生产形式，一方面，织造户受官府的控制，要服从官府的指挥；另一方面，他们则用自己的工具，在家中以分散形式进行生产，事实上可以看作是官府的丝绸定点加工点。织造户可具体称为织锦户、贡绫户等。织造户主要承担有地方特色的丝织品生产，如蜀地贡锦、月地贡绫等等。而当时的民间丝绸生产，最常见的是民间一家一户为单位的男耕女织的生产形式，在杭嘉湖丝绸产区，出现了分工很细的手工业作坊，通常有“坊”“作”“铺”等。浙江在唐代的前期，属于江南东道管辖。总体上，丝绸业的生产中心仍然在黄河下游的河南、河北等地，巴蜀地区以及剑南道、山南道的西部也是丝绸生产重要产区，而江南道的丝绸生产也呈现迅速发展的势头。尤其是浙江的杭州、越州（今绍兴）、嘉兴等地都是唐代前期丝绸业比较发达的地区。此时美丽富饶的江南地区，正孕育着丝绸业的迅速发展。

第二节　全国丝绸业的重心南移

一、历史悠久的江南丝绸业

中国地域上的江南，大体指长江三角洲范围，包括南京、镇江、无锡、苏州、常州、上海、杭州、嘉兴、湖州、绍兴等地。这一区域在历史上是丝绸生产的重要地区，但各个历史阶段发展不平衡，导致丝绸业发达程度不同。

夏代（相当于公元前21世纪至前16世纪），中国由无阶级的原始社会过渡到阶级社会的奴隶制国家时代。《尚书·禹贡》记载了当时禹定全国为九州，其中规定上贡丝和丝织物的有冀、兖、青、徐、扬、豫、荆等州。当时浙江属扬州之域，有“厥篚织贝”的记载。“织贝”是一种先染丝而后织成贝纹的锦名，反映了当时江南地区已有丝绸生产。西周起，麻纤维和蚕丝，已成为衣服主要原料，蚕丝织物，柔韧光洁，更为统治阶级所喜爱。西周官府设有典妇功（专管丝麻生产）、典丝（专管蚕丝验收、贮藏和分配）、慌氏（掌练丝帛）和染人（掌染丝帛）等官职。春秋战国时期，吴王僚（公元前526—前514年），因与楚国争夺边界桑树，吴国发动了对楚的战争，说明位于太湖流域的吴国十分重视蚕织。今浙东（南）和部分浙（西）为越国，公元前494年，吴攻越获胜，越败求和而被许为属国。越王勾践卧薪尝胆，采纳谋臣范蠡和文种提出的"必先省赋敛，劝农桑"（《史记》卷四一《越王勾践世家》）的建议，并亲自耕作，夫人自织。越国生产的丝织物有币、帛、罗、縠、纱等。

魏、汉（蜀）、吴三国鼎立时期，浙江属吴国，为抗衡魏汉，大力发展蚕桑丝织生产。孙吴立国江南，定都建邺（今南京），江南历史上首次出现有明确记载的官营织造机构。吴国多次派遣使臣泛海四出，远至林邑（越南）、扶南（柬埔寨）等国，丝绸外销量大。孙权夫人赵氏是一个丝织高手，她"织纤罗縠，累月而成。裁之为幔，内外视之，飘飘如烟气轻动，而房内自凉"（《拾遗记》）。罗、縠、绮都是当时工艺精湛、质地优良的丝织品，代表了江南丝织业的发展水平。两晋南北朝时期，统治者为更多地获取丝绸，多次令郡县官府劝课农桑。两晋在占田制基础上，制定了赋税制，规定"丁男之户，岁输绢三匹、绵三斤"（《晋书》卷二六《食货志》）。江南丝绸生产，在重课下发展，蚕桑丝织技术提高很快，同时促进了丝绸贸易发展，江南成为"丝绵布帛之绕，覆衣天下"（《宋书》卷五四《孔季恭传》)的重要丝绸产区。唐代自开国时起除法令规定官员都有占田权外,还颁布均田令和租庸调法。规定随乡土所出,蚕乡每丁每年纳绢(或绫、絁)二丈、绵三两,不产丝绵者纳布二丈五尺、麻三斤等。唐代绢帛始终被当作货币来使用,唐太宗贞观初年,一匹绢可买米一斗。唐代统治者除向民间征收贡赋丝和绢绵外,在都城长安设织染署,属少府监,署下有绫绵坊,掌管织造贵族官僚用的冠冕、组绶,并织染锦、罗、纱、縠、绸、絁、绢、布。越州(今绍兴)是江南蚕丝业基础最好、发展最快的地区。越州所产绫锦,名目繁多,花样百出,绚丽多彩。尤其是每年进贡的缭绫,其织纹之精妙,无与伦比。诗人白居易《缭绫》一诗即是对缭绫精美无比的形象写照。

二、江南“丝绸之府”地位的形成

六朝人口的南流,东晋政治经济中心的南移,为江南蚕丝业中心的形成创造了条件。但直至唐代前中期,北方仍是全国丝绸业的重心。河南宋州、亳州民间织造的绫绢,质量居全国之首,河北定州每年进贡的绫、绢数最多。到唐代后期,北方由于安史之乱,社会混乱,对丝绸业影响很大。而南方则由于社会比较安定,蚕桑丝绸业发展很快。据《元和郡县志》和《新唐书》关于贡赋的记载，全国上贡丝物有100多州郡。北方虽仍属重点，但已停滞不前。南方江南道占其中的五分之一，在江南道中，约有五分之二州郡上贡丝绸，而且几乎都在中国近代盛产丝绸的江苏南部和浙江一带。唐代末年，中国出现了五代十国混战局面。当时浙江属钱镠所建的吴越国，吴越王一方面大力发展蚕桑生产，另一方面向北方小朝廷称臣纳贡，使吴越社会较为稳定。吴越王“世方喋血以事我，我将闭关而修蚕织”（袁枚《重修钱武肃王庙记》）。同时，钱镠在杭州西府设立手工业作坊，网罗技艺高超织锦工300余人。后唐同光二年（924年），钱镠遣使向后唐进贡丝织物，其中有越绫、吴绫、越绢、龙凤衣、丝鞋履子、盘龙凤锦、织成红罗縠、袍袄彩缎、五色长连衣缎、绫绢御衣、红地龙凤锦被等。由此可见，晚唐浙江丝绸业品种之多，技艺之高，发展之快，都已超过前代，超过北方。此成为江南“丝绸之府”形成的前奏。

宋代，北方丝绸生产重心南移，江南“丝绸之府”地位形成。宋王朝结束了五代十国割据混战局面，统一了中原、西蜀和江南大片地方。但北方仍为少数民族契丹所建立的辽国、党项族建立的西夏以及女真族建立的金国割据，影响着北宋社会经济文化发展。北宋朝廷每年耗用绢帛数量之大，十分惊人。据《宋会要辑稿》记载，宋初，对较大的官吏，每年除给俸银和高级丝织物“时服”

图 4　中国丝绸博物馆陈列一角

外，还赐给“春冬绫各十匹，春绢十匹，冬绢十匹，绵五十两，加罗一匹”。王公贵族对丝绸的挥霍更是无度，高宗皇帝生个儿女，竟用罗二百匹，绢四千六百七十四匹。北宋王朝为抵御外侮，大量招兵买马，调绢调布调丝绵以供军需。而在当时，与北方相反，我国东南地区，特别是吴越一带，社会安定，经济文化发达，成为封建朝廷财政和包括丝绸在内物资的重要供给地区，宋王朝认为“国家根本，仰给东南”(《宋史》卷三三七《范祖禹传》)。宋初，为开发东南地区，曾一度实行奖励政策，据《宋会要辑稿》记载，官府曾采取“准免租税役五年”的办法，奖励游民垦殖耕织，对江南蚕丝生产起了积极作用。北宋时的官营织造，在东南地区有江东的江宁织罗坊，润州、常州织罗坊，湖州织绫务和杭州织务(室)。江南地区所产丝绸之多及其在全国地位举足轻重。从北宋乾德五年（967 年）至南宋乾道八年（1172 年）200 多年间，宋王朝每年要求全国各地区上供丝织物数额中，浙江和苏南地区上供丝物占全国各路上供丝物总额的三分之一以上，上供丝绵则超过全国的三分之二。至此，江南地区“丝绸之府”地位初具雏形。

靖康二年（1127 年），北宋亡而皇室南迁临安（今杭州），建立南宋。南宋王朝在每年向金纳贡大量币帛以及朝廷巨大消费情况下，急需扩展丝绸生产，对江南重点丝绸产区倍加重视。南宋时，由于北方大批手工业者和农民的南移，浙江一带桑蚕丝织生产技艺显著提高，为增产桑叶，嫁接法和秋冬斩削拳曲小枝整枝办法已广泛采用，很多精巧的名贵丝织品已能织造。据《梦粱录》记载：杭州“锦内司、街坊，以绒背为佳”。内司是指官办织造工业，街坊是指民营丝织作坊。江南丝绸印染技术水平随之得以提高。如湖州在孝宗年间，就能在绫罗上印染成深线、浅红、淡红等色彩，即有名的湖缬。品种多、花样巧是南宋江南地区丝织品的特点。据《梦粱录》和《咸淳临安志》记载，杭州的绫有白编绫、柿蒂绫、狗蹄绫、樗蒲等；罗有素、花、缬、熟、线柱、暗花、金蝉、博生等；锦有青红捻金锦、绒背锦；缎有金线缎、花缎；纱有素纱、天净纱、暗花纱等等精致名贵产品。此外，绢有官机、杜村、唐绢，幅阔而致密，更为画家所乐用。嘉湖地区有安吉的丝、绢、纱，武康丝绵，双林纱绢，濮院濮绸；宁波有大花绫、交梭吴绫；绍兴地区的越罗，更是驰名中外。这一时期，从事蚕织业的主要是农民，但也有少数官商巨贾。商品性丝绸生产比前代有了进一步发展，“丝帛之家”增多。缫丝、织绸出现了分业现象，丝绸生产全面展开，绫、锦、绛丝、罗、纱、绢等产品均有官营和民营织造机构专业生产。

图5　桐乡市成片桑园

从宋代时期江南地区在全国的输纳贡赋数字中可见一斑。苏州，北宋祥符年间岁输绢 54400 匹、绵 4004 斤。元丰三年(1080 年)起年输帛 8 万匹、纩 2.5 万两。南宋淳熙十一年(1184 年)上交以丝织品为征收依据折帛钱 43.93 万余贯。湖州，南宋时每年上纳衣织 1 万匹、绫 5000 匹、绸 4000 匹、丝 5 万两、绵 5 万余两。杭州，年交纳夏税绢 95813 匹、绸 4486 匹、绫 5234 匹、绵 58521 两，和预买本府绢 40400 匹、绸 795 匹。常州，旧额绢 14541

匹、绵 107263 两，南宋宝祐年间为绢 13348 匹、绵 104241 两。北宋以来，两浙路和江南东路在罗、绢、丝绵等项上交纳均占全国首位，罗占 90.6%、绢占 43.2%、丝绵占 60.2%、丝绵绒线占 24.8%。南宋时期，中央丝织品收入，罗、绢、丝绵在浙西路和江东路处显著地位，其中绢占 50.9%、丝占 36.7%、绵占 52.5%。综合上述，江南丝绸业无论数量、质量还是品种均占绝对优势，成为朝廷必不可缺的主要供货地。在宋代，尤其是南宋迁都杭州后，全国丝绸业中心已完成了重心南移，江南“丝绸之府”地位基本确立。

三、商贾云集的江南丝绸贸易

江南“丝绸之府”地位的巩固和发展，从历史上看，还应得益于江南地区繁荣发达的丝绸贸易。两宋，特别是南宋，江南城市出现了历史上从未有过的繁盛景象，商业活动极为频繁，在这“天堂”(《吴郡志》卷五〇)般城市的商品交易中，江南丝绸扮演了极为重要的角色。《西湖老人繁胜录》记述了杭州城中的 29 个行市，其中丝绵市、生帛市、枕冠市、故衣市、衣绢市、银朱彩色行等 6 个行市是出售丝绸及与丝绸有关衣物的专业市集。在这些专业市集中，陈列着众多的丝绸铺户。杭州城“是行都之处，万物所聚，诸行百市，自和宁门杈子外至观桥下，无一家不买卖者，行分最多……冠梳及锦绣罗帛，销金衣裙，描画领抹，极其工巧，前所罕有者，悉皆有之”(《梦粱录》卷一三《团行》)。从其记录的自淳祐年有名相传者106家铺户来看，其中直接售丝绸半成品的有9家：局前刘家、吕家、陈家彩帛铺，市西坊北纽家彩帛铺，水巷品徐家绒线铺，清河坊顾家彩帛铺，三桥街柴家绒线铺，盐(沿)桥下生帛铺，铁线巷生绢一红铺；与丝绸有关的有19家：保佑坊前孔家头巾铺，中瓦子前徐茂之家扇子铺，市南坊沈家白衣铺，徐官人幞头铺，钮家腰带铺，水巷口俞家冠子铺，升阳宫前季家云梯丝鞋铺，抱剑营街李家丝鞋铺，抱剑营街吴家、夏家、马家香烛裹头铺，三桥河下杨三郎头巾铺，沙皮巷孔八郎头巾铺，炭桥河下青篦扇子铺，官巷内马家、宋家领抹绡金铺，沈家枕冠铺，小市里舒家体真头面铺，陈家画团扇铺等，与前9家合计达28家，占总数的26.4%。可见丝绸在流通贸易中所占比例之大。因而杭州处处有彩帛、绒线等铺。同时，苏州既然与杭州并称繁盛，丝绸铺户当也不少。丝绸铺户如此之多，说明宋代江南城市中的丝绸贸易主要是以铺户贸易形式出现的。

这些丝绸铺户不但以经营货物种类互相区别，而且经营丝绸品种大多各有特色。《都城纪胜》就记载了杭州天街“名家彩帛铺堆上细匹段，而绵绮缣素，皆诸处所无者”。这说明当时江南丝绸铺户的经营已经有了比较明确的分工，并在分布上构成了地域上的特色。

宋代江南丝绸贸易的另一种形式是转输贩运贸易。商人将江南丝绸输向外地，或将外地丝绸名产输入江南。钱塘名妓苏小小的阿姐盼奴一次就诱取商人的“於潜官绢”百匹之多（郎瑛《七修类稿》卷二七），这个商人应该就是贩运商。天圣元年（1023 年）“三司言：‘据杭州状，富阳县民蒋泽等捉到客人沈赞罗一百八十二匹没纳入官，支给赏钱。省司看详条贯，婺州罗帛，客旅沿路偷税，尽纳入官，即无条许支告人赏钱。欲依条支给，数多不得过一百贯。’从之”。这是发生在杭州境内的贩运丝绸偷税案件。这类案件时有发生。湖州安吉县商税务“借丝绵竹木收税以办税额”（《宋会要辑稿》“食货”一八之一一），也正是建立在这种丝绸等转输贸易基础上的。

在丝绸铺户贸易和转输贸易发展的同时，从事丝绸经营的商人相当活跃。宋代全国各地经营丝绸的商人已随处可见，江南的丝绸商也所在多有。如“湖州人陈小八，以商贩缣帛致温裕”（《夷坚志》，三志，辛卷，10，《陈小八子债》）。杭州仁和县人李琼“以鬻缯为业”（《宋史》卷四五六《李琼传》）。这些人以贩卖丝绸图温饱，看来还只

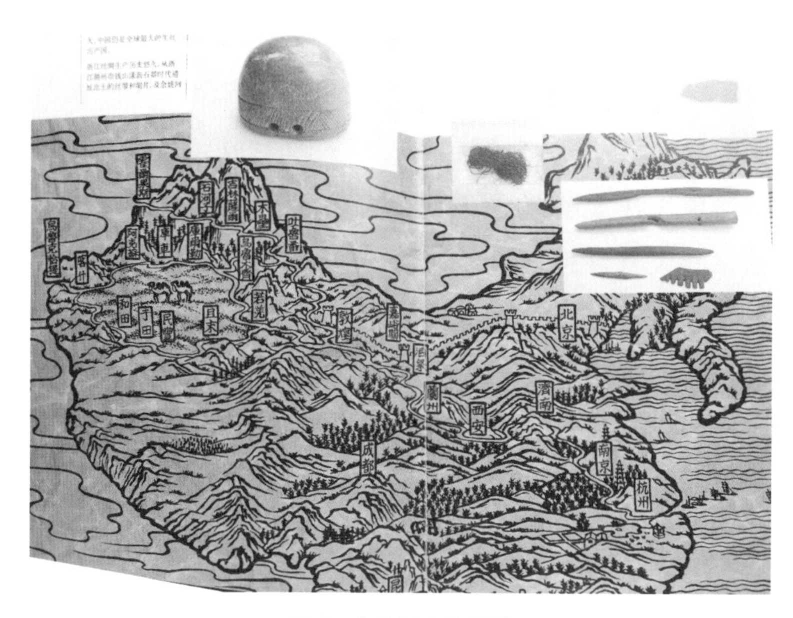

图 6　古丝绸之路图景

是些小商贩。而前述偷税的丝绸商人,从其拥有的商品量来看,货币资本已经有了一定的规模了。

随着丝绸生产的发展及其国内贸易的广泛展开,宋代江南丝绸的对外贸易也兴盛起来。宋代视“市舶之利最厚”(《宋会要辑稿》卷四四),海外贸易空前发展。对外贸易的主要港口就是杭州、泉州、广州等地。对外的通道主要有三:一是南向与南洋诸国;二是东向与日本,这两条都是海道;三是北向经辽东半岛转输到朝鲜,这是陆路。江南丝绸主要循着这三条通道出口到海外各国。

早在宋立国之初，太宗就于雍熙四年(987年)“遣内侍八人赍敕书金帛分四纲，各往海南诸番国，勾招进奉，博买香药、犀牛、真珠、龙脑”(《宋会要辑稿》卷九)，以丝绸等换取香药等物。而南洋的细兰国(斯里兰卡)“番商转易用檀香、丁香、脑子、金、银、瓷器、马、象、丝帛等为货”；南毗国，“用荷池、缬、绢、瓷器、樟脑、大黄、黄连、丁香、脑子、檀香、豆蔻、沉香为货，商人就博易焉”；故临国，“博易用货亦南毗同”(赵汝适《诸蕃志》卷下)。这些国家的丝绸来自中国，其中当有不少来自丝绸生产发达的江南地区。

宋代与日本的贸易，较前代更为频繁，《日中文化交流史》统计了日本圆融天皇天元元年(宋太平兴国三年，978年)到鸟羽天皇永久四年(宋政和六年，1116年)北宋商人到达日本的经营活动情况，认为“日宋间商船的往来，分外频繁，几乎年年不绝”，有的宋商甚至数次往来于两国间(《日中文化交流史》)。宋朝商船赴日的路线仍和唐末五代时一样，大多从两浙地方出发，横渡东中国海，到达日本肥前的值嘉岛，然后再转航到筑前的博多，也有不少船只更深入日本海，驶进越前的敦贺。当时日本需要的是绵、苏枋、香药、茶碗等货物，宋商输入日本的主要是这些货物。福州商人周文裔在日本长元元年(宋天圣六年，1028年)运输到日本的货物中，就有翠纹花锦1

匹、小纹丝殊锦1匹、大纹白绫3匹。南宋在两浙设立市舶司，管理对日贸易事务，而“这一时代日宋的贸易品是，日本输入的和前代一样，仍以香药、书籍、织物、文具、茶碗等类为主”(《日中文化交流史》)，输出的如孝宗淳熙十二年(日文治元年，1185年)“有唐锦十端，唐绫、绢、罗等百十端……运往日本”(《日本蚕丝业史》，卷一，《生丝贸易史》)。而这些丝织物当即就被源范赖献给了白河法皇。日本现在还保存的道元缎子和大灯金澜，都是南宋时的丝织品，其中自然不乏来自江南者。

宋代与朝鲜的贸易重在蚕丝原料。宋时朝鲜“自种纻麻，人多衣布，绝品者谓之绝，洁白如玉，而窘边幅，王与贵臣皆衣之。不善蚕桑，其丝线织纴，皆仰贾人自山东、闽、浙来。颇善织文罗、花绫、紧丝、锦缎。迩来北敌降，桑工技甚众，故益技巧，染色大胜于前日”(徐兢《宣和奉使高丽图经》卷二三)。朝鲜不事蚕桑而善丝织，所需原料由中国产丝地方输入，远近闻名的湖州蚕丝成为朝鲜丝织业的上等好丝。

明代江南官营织造业、民营织造业发达。官营织造业有中央织造机构南京内织染局、南京工部织染所、南京供应机房、南京神帛堂。地方织染局分布有杭州府、绍兴府、严州府、金华府、衢州府、台州府、温州府、宁波府、湖州府、嘉兴府、镇江府、苏州府等。明代江南是官营织造局最多和最集中之地，主要有苏州织染局、松江织染局、镇江织染局、杭州织染局、嘉兴织染局和湖州织染局。大规模的江南织造业促进了江南丝绸业国内市场的频繁流通和贸易兴旺。除了苏州、常州、杭州等大城市丝绸市场规模不断扩大外，江南地区还出现许多新兴丝绸专业市镇。如菱湖、南浔、双林、濮院、王江泾、王店、石门、塘栖等，商贾云集，成为丝绸贸易集散地。同时，江南生产的生丝、绸缎誉满海外，即使福建、广东等地出口丝绸也大多由江南转运而至。江南地区与日本、葡萄牙、荷兰、菲律宾、西班牙、俄国等均有丝绸贸易来往，使江南“丝绸之府”不仅在国内地位得以巩固发展，而且在全世界，声誉闻名遐迩。

第三节　桐乡丝绸业的厚实底蕴

一、桐乡深厚的资源底蕴

桐乡市地处东南沿海，位于浙江省北部，为杭嘉湖平原的腹地，隶属嘉兴市，属典型的亚热带季风气候，温暖湿润，四季分明，雨水丰沛，日照充足，宜桑宜蚕，素有“丝绸之府”“鱼米之乡”之称。据后汉三国《吴志》记载，“陆逊言于孙权，农桑衣食，民之本业，而干戈未戢，民有饥寒，臣愚为宜养育士兵，宽其租赋”。可见这一时期嘉兴地区已开始发展茧丝绸生产。唐代后期，随着全国经济中心的逐渐南移，包括桐乡在内的杭嘉湖地区的蚕桑丝绸业已有相当的兴盛和发展。五代时期，吴越国“闭关而修蚕织”，为两宋时期的蚕桑丝绸业发展打下基础。宋室南迁后，丝绸业发生了深刻变化，南宋朝廷当时失去了盛产丝绸的冀、鲁、豫等北方的来源，不得不在江南发展蚕桑丝绸业。同时，大批北方官民随宋室南渡，把北方的栽桑养蚕和缫丝织绸的技术带到了江南，促进了嘉兴桐乡等市县蚕桑丝绸生产的较大发展。

图 7　桐乡桑园图景

到了明代中叶，杭嘉湖的蚕丝织造业进入了鼎盛时期，据《嘉兴府志》记载，“嘉兴之民，终岁勤动者，饷给予国，而尺寸之土必耕；衣被他邦，而机轴之声不绝”。据《桐乡县志》记载，明代的嘉湖一带“地利树桑，人多习蚕务者”，“以蚕代耕者什之七”。据康熙《石门县志》记载，明正德年间(1506—1521年)，“全县不过植桑七万株”，到了万历年间，“已不可以株数计”。当时的嘉兴王江泾、石门等地已是知名的蚕丝交易中心，据万历年间《客越志》记载，这一带“地绕桑田，蚕丝成市，四方大贾，岁以五月来贸丝，积金如丘山”。明代时期的杭嘉湖地区官营织造机构发达，也带动了桐乡等地民间丝织业的兴盛。清代初期，虽因战事影响，农桑生产遭遇一定程度损失，但康熙、乾隆采取了一系列重农桑的措施，杭嘉湖地区的蚕桑丝绸业得到了较好发展。据刘锦藻《续文献通考》的不完全统计，1880年浙江蚕茧产量为60万担，杭嘉湖三府占全省蚕茧产量的80%以上。据有关方面记载，1936年，桐乡蚕茧产量达到23万担，创了新高。中华人民共和国成立后，我国丝绸业进入了一个前所未有的崭新的发展时期，桐乡的蚕桑丝绸业生机焕发、蓬勃发展。

二、桐乡的蚕桑生产全省领先

改革开放以后，桐乡的蚕桑生产得到了持续稳定发展，通过土地平整、更新改造、集中成片、品种优化。到1984年，桐乡全县饲养蚕种32.56万张，蚕茧总产量23.6万担。20世纪90年代以后，浙江沿海地区产业结构加速调整，但桐乡作为全省蚕桑主产区的地位依然稳固。1992年桐乡全县饲养蚕发种量达到78万多张，达到桐乡历史的最高纪录；蚕茧总产量接近50万担，接近全省的五分之一，占到全县农林牧渔业总产值的29.13%，成为农业增产增收、农民发家致富的重要支柱。在20世纪90年代的相当长一段时间里，桐乡的蚕茧产量均占据全国市（县）首位。21世纪以来，受劳动力紧缺、产业更新迭代、土地资源减少、环境资源制约等因素影响，桐乡蚕桑生产有所起伏。

据2001年统计，桐乡从事栽桑养蚕的农民11.5万户，全年蚕种饲养量58.91万张，蚕茧总产量49万担，蚕茧总产值达到4.27亿元，占农林牧渔业总产值的30%以上。2015年，桐乡全市桑园面积约14万亩，全年饲养蚕种约20万张，蚕茧总产量约20万担，产值超过3亿元，占全市农业总收入的10%以上，依然是桐乡市农业

图 8　桐乡茧站收烘蚕茧图景

的支柱产业，对稳定农村经济、促进农民增收起到了举足轻重的作用。

三、桐乡的丝绸产品质量全省领先

桐乡全市的丝绸产业同样发达，桐乡的崇德丝厂、梧桐丝厂、濮院丝厂、桐乡丝织厂都是浙江省响当当的丝绸骨干企业。崇德丝厂建于 1935 年，有 85 年的历史。据 1990 年统计，年产白厂丝产品 328.48 吨，平均品位 3A43，正品率 99.99%。该厂生产的白厂丝光泽度好、手感柔软、质量优等。该厂生产的 20/22 白厂丝、HW1003

图9　桐乡崇德丝厂厂貌

真丝织绸、“金三塔”真丝针织内衣等先后被评为省级优质产品，20/22银柳牌筒装丝、HW1003真丝针织绸被评为纺织工业部优质产品。产品80%产品出口海外，远销西欧、美国、日本等20多个国家和地区。梧桐丝厂创建于1966年，有54年的历史。1990年白厂丝产量189.32吨，平均品位3A55，正品率99.98%。梧桐丝厂生产的Z/14“梅花牌”白厂丝被评为省级优质产品、纺织工业部优质产品，获国家银质奖。濮院丝厂创建于1973年，由中国人民解放军南京军区浙江生产建设兵团筹建，1990年生产白厂丝168.59吨，平均品位3A58，其中出口海外141.8吨，占84.11%。濮院丝厂生产的“梅花牌”Z/43

图 10　桐乡濮院丝厂厂貌

白厂丝被评为纺织工业部优质产品，获国家级银质奖。桐乡丝织厂创建于 1970 年，拥有先进的 ZK272 型丝织机生产线，1990 年投资 2459 万元，建造了 6043 平方米的标准厂房，从意大利引进剑杆织机 20 台机配套设备，成为浙江省丝织行业的标杆企业。该厂生产的纺、绉、斜、缎类丝织品，品质上乘、花色繁多，深受国内外客户青睐，远销美国、欧洲等国家和地区。其中，E6009 桑爽绉被评为省级优秀“四新”产品，“保俶塔牌”12858 重绉被评为省级优质产品、纺织工业部优质产品，该产品选用高档蚕丝，设计新颖、结构独特，极大地迎合了国际市场对重型真丝织物的需求，成为高档真丝服装的优质面料。据2015年统计，桐乡全市有缫丝企业10家，年产白厂丝能力为3000吨。

图11　梧桐丝厂、濮院丝厂生产的"梅花牌"白厂丝曾获国家金质奖

图12　梧桐丝厂生产的"花神牌"白厂丝曾获国家金质奖

四、桐乡的蚕丝被全省领先

桐乡市洲泉镇是我国最早的蚕桑产地之一，是全国有名的蚕桑主产区，以丝绵为原料加工而成的蚕丝被是桐乡特产。桐乡市制作蚕丝被的手工技艺历史悠久，家喻户晓。中华人民共和国成立以后，丝绵生产纳入国家计划管理，由浙江省丝绸公司和浙江省商业厅下达丝绵加工计划，调拨所需原料。1953 年 8 月，洲泉茧站办起丝绵加工场，代省丝绸公司加工丝绵。1963 年余杭县政府组织妇女成立丝绵加工场，以传统工艺精心制作曾久负盛名的余杭“清水丝绵”，专供省丝绸公司出口。20 世纪 80 年代初，丝绵市场供不应求。为扩大生产，全省丝绵加工场增加到近 16 个，其中颇具规模的有桐乡、诸暨、海宁、余杭县土特产公司所属丝绵加工场。90 年代前后，国家逐步实行市场经济体制，蚕茧开始在全国范围流通，从国外进口蚕茧也逐渐增加，丝绵原料来源多渠道的局面开始形成，促进了丝绵生产的发展。

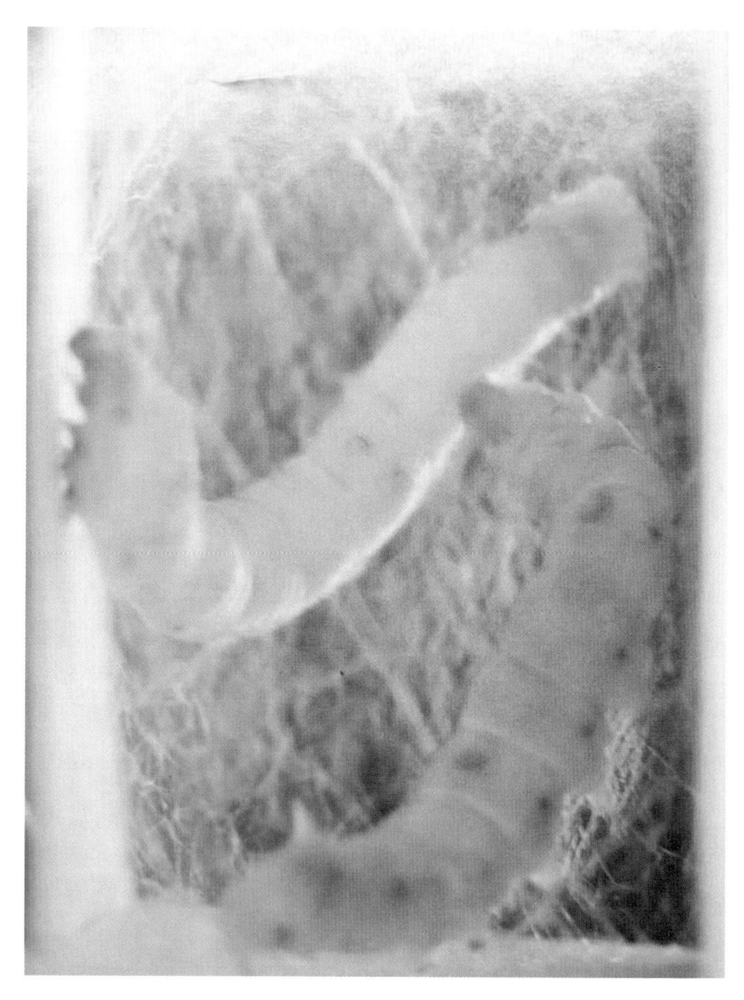

图 13　两蚕共结一茧,双宫茧是制作丝绵被的优质原料

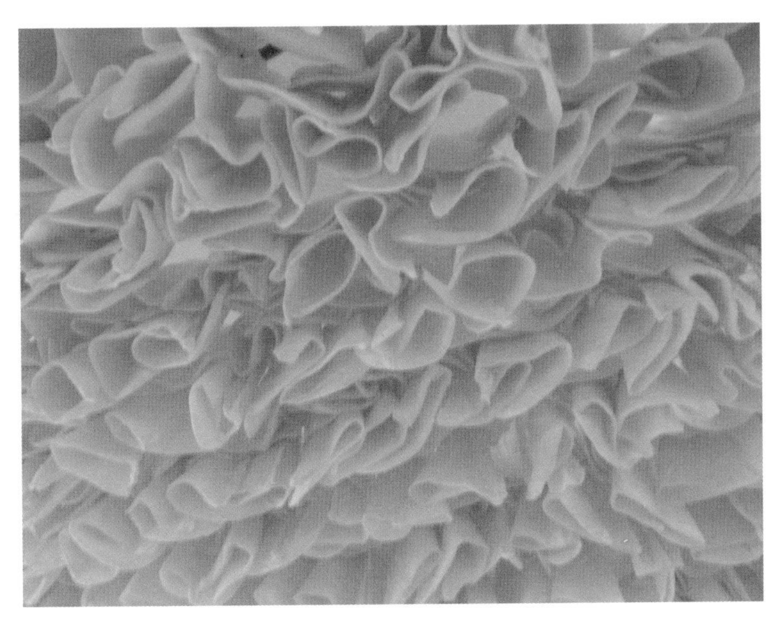

图 14　桐乡市生产的高档丝绵产品

2005 年，洲泉镇还被中国丝绸协会授予第一个“中国蚕丝被服生产基地”称号；2010 年，洲泉镇被中国纺织工业联合会授予第一个“中国蚕丝被名镇”称号。据 2013 年统计，桐乡市仅洲泉镇蚕丝被企业就达 300 余家，行业产值超 50 亿元，总产量占全国的近 1/2，其中规模以上企业 15 家。目前，桐乡蚕丝被已形成集养蚕、制绵、生产、销售于一体的产业链，在全国蚕丝被市场的占有率达到 50% 以上，桐乡蚕丝被的“洲泉”品牌享誉全国。

第二章

千年濮绸的前世今生

第一节　濮绸的起源

一、关于濮绸的最早传说

历史上有范蠡夫妇与濮绸的脍炙人口的故事。据传，春秋战国时期，越王勾践卧薪尝胆，终于打败了吴王夫差，雪了亡国被俘之耻。经受了几十年战乱之苦的江南百姓，也暂时得到了一个安定的生产环境。地处吴越边界的濮水小镇，原是有名的丝绸之乡，此时也迅速恢复发展起来。

这一年春天，梅泾两岸梅花盛开，濮水镇南龙潭漾口语儿桥畔，一家绣缎庄在临街水阁新开张了，据说老板是从会稽迁来的，名叫范大。范大长得方面大耳，双目炯炯有神，谈吐文雅，举止不凡。范大的夫人虽然淡妆素抹，却也是一个清纯脱俗的美人。范大夫妇每天一早起床，就在水阁上对着梅泾清澈的流水梳妆。然后范大研墨作画，设计缎绣图案，夫人则在一旁飞针引线，织锦绣缎。他们设计织绣的绸缎，图案新颖，色彩鲜艳，绚丽多彩，花样繁多。濮水一带虽然盛产绸缎绫罗等丝织品，但缎绣却是冷门。所以，范大的绣缎庄开张不久，名声就已轰动了江南，语儿桥畔，每天车水马龙，客人络绎不绝。一些姑娘和阿嫂纷纷拿着绸缎到语儿桥畔拜师学艺，范大夫妇总是以礼相待，细心传教。范夫人还把自己设计的花样分送给她的“徒弟”们，同时也虚心地向“徒弟”们学习当地缫丝织绸的技艺，并一起研究如何把手工绣运用到绸机上。这样一来，濮水一带的丝绸业就更加发达起来，濮绸也从此出了名。随着濮绸的出名，那绣缎庄的范大夫妇更是名声远扬。有一天，范大发现有一个陌生人在打听一个名叫“范蠡”的人，然后那人在他店铺门口张望了一会就走了。范大夫妇对这个不速之客的行踪产生了怀疑。几天后，当朝廷派来的使者捧着圣旨来到濮水宣召绣缎庄老板范大的时候，那绣缎庄早已人去楼空。到这时，濮水的乡亲才知道，那范大夫妇不是别人，正是越国上将军范蠡和夫人西施。原来，范蠡辅助越王勾践打败吴国完成复国大业后，看到勾践渐渐骄傲起来，不但拒谏，而且骄奢淫逸，连他和文种的话也听不进去了。范蠡知道，越王这个人只能共患难，不能同享受，于是决定离开勾践，以身体欠佳为由，向越王告别。勾践知道，范蠡已帮他成就大业，如今留在身边只能妨碍自己享乐，便准允了他的请求，并赠他黄金五千两、绸缎五百匹。范蠡只收下了五百匹绸缎，便和西施改名换姓，驾一叶轻舟，来到风景秀丽的濮水定居下来。范蠡走后，越王勾践果然听信谗言，杀了大夫文种，又怕范蠡流落江湖，为其他国家所用，对越国不利，便想召他回国，如不能召回，也要把他杀了，免得被其他国家所用。勾践派人四处打听，得知

图 15　古代土丝缫丝机

范蠡隐居在濮水，便派使者召他回朝廷，没想到范蠡夫妇早已离开了。范蠡和西施离开濮水后，濮水百姓十分怀念他们，除了将西施传下的绣缎手艺运用到绸机上，织出了驰名中外的“濮绸”，还将西施居住过的水阁叫作“妆楼”，把语儿桥叫作“妆桥”，那刻有“古妆桥遗址”的石碑，至今还竖立在濮院镇上的语儿桥畔。

二、濮绸起源的历史依据

濮院镇古地名为李墟，又称御儿，位于桐乡市东部。隋朝始建的京杭大运河穿境而过，宋代建炎以前系一草市，习称“幽湖”“梅泾”“濮川”。宋王朝因内忧外患，金兵南下，宋室南渡。著作郎濮凤以驸马都尉驾临安（今杭州），后迁居幽湖，此地遂为濮氏世居地。其六世孙濮斗南援宋理宗有功升任吏部侍郎，诏赐其第濮院，镇因此得名。清《濮川所闻记》记载：“后居语溪之梧桐乡，谓凤栖梧桐，事有适符，故即卜宅于此。”草市濮院自此翻开了崭新一页，濮凤也就成了濮院的开镇祖师。

杭嘉湖平原，很早就成为我国重要的蚕桑生产基地，丝绸生产历史源远流长。桐乡养蚕业十分悠久，“塘以西多沃壤，更人稠而地窄，柔桑蓊翳，禾黍离离”，为杭嘉湖地区最主要的种桑养蚕地区之一，很早就成为闻名遐迩

图 16 桐乡市濮院杨家桥明墓出土的杂宝云纹缎(丝绵袍)

的“丝绸之府”。在魏晋以前,我国丝绸生产的中心,一直是在黄河中下游一带。西晋末年,我国历史上第一次大规模南迁展开。据记载,南迁人口到达长江流域的总数达 70 万之众。北方人口的南迁,在使得江南地区劳动力倍增的同时,还带来了北方先进的生产技术。在相对安定的环境及户调制度（户调制度也就是以一家一户为单位征收丝织品的一项赋税制度）的实施下，杭嘉湖地区的丝绸生产获得进一步发展的机会。到了唐代，桐乡一地的丝绸，也已经作为贡品，向朝廷进献。到宋代，北宋王朝结束了五代十国的混战割据局面，统一了中原、西蜀和江南地区，东南地区成为向北宋朝廷供给丝绸物资的重要地区。尤其到了南宋，随着宋室南渡，北方大批官商巨贾纷纷南迁，不少农民、手工业者、商贩也来到江南，当地的社会经济顿时繁荣起来，再加上南北两地蚕桑丝织技术的不断融合与广泛交流，使包括浙江在内的江南丝绸业得到空前的发展。至此，丝绸产区已基本集中在长江流域，其中浙江的丝绸生产占了绝对优势。据记载，当时的越州"俗务农桑，事机织，纱绫缯帛岁出不啻百万"，"万草千华，机轴中出，绫纱缯縠，雪积缣匹"。嘉兴、湖州一带的蚕织生产也发展极快，就连庵院中的尼姑，也都是织罗的好手。宋室南渡，中原的文化也传播到桐乡地区，两相融合，大大加快了当地经济文化的发展和文明的进步。尤其表现在市镇崛起，从农业、手工业兴盛到蚕桑丝绸业兴起，无不彰显着北方科学技术的介入与推动。宋代以后，桐乡境内已兴起以丝绸纺织为主的家庭手工业。南宋时，大批北方官民随宋室南渡，把北方的栽桑、育蚕技术也带到江南。宋建炎三年（1129 年）驸马都尉濮凤（山东曲阜人),定居于梧桐乡之幽湖(今濮院境内),成为濮院的开镇祖师。其后濮氏子孙弃官归田,经营家业,督课农桑,桐乡一地栽桑技术随之推广,蚕桑生产不断扩大,也为丝绸纺织为主的家庭手工业兴起创造了条件。“濮绸”也就这样在濮院一地有了先发优势。“机杼之利,实自此始”,以致“轻纨素锦,日工月盛,濮院之名,遂达天下”。此后,历经千年沧桑巨变,蚕桑丝织业进一步发展壮大,最终成为桐乡地区最重要的传统产业,成为世世代代桐乡农民最主要的生活来源。

三、有关濮绸起源的记载

800多年前,宋王朝内忧外患,金兵南下,宋室南渡。仓皇之间,却给时为草市的槜李墟(现濮院)带来了福音。原籍山东曲阜的濮凤扈从南渡,草市濮院自此翻开了崭新一页,濮凤也就成了濮院的开镇祖师。濮氏家族把北方发达的蚕桑业和纺织业带到了濮院,濮院人从此开始了种桑养蚕、机梭纺织的生活。

到元代中期,濮氏后代濮鉴设立了四大牙行,收集储存镇上及农村的丝绸产品。由于濮院交通发达,不少商贾慕名而来,濮院丝绸产品远销各地。当时,濮院的繁荣热闹景象已初步显现。“宋锦人传出秀州,清歌无复用缠

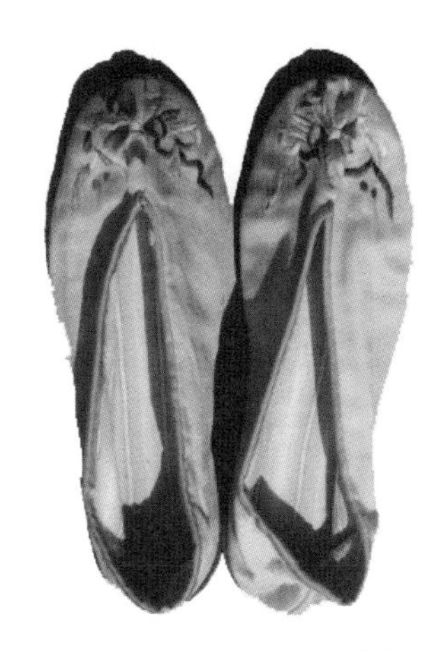

图17　古代濮绸制作的鞋子

头。如今花样新翻出，海内争夸濮院绸。”明朝时期，濮绸发展到了全盛时期。那时，朱元璋推行休养生息政策，鼓励老百姓种桑养蚕，进一步推动了濮绸的发展。之后，又得益于丝织技术的改进，濮绸的产量和质量均得以提高。那时，濮院镇的百姓人家大多靠织绢绸生活，家境比较富裕，所产濮绸品种繁多。绸有花绸，绢有花绢、官绢等。当时的濮绸享有盛名，与杭纺、湖绉、菱缎合称为“江南四大名绸”。全盛时期，濮院日出万匹濮绸，濮绸不仅远销内外，还成为朝廷贡绸。

据《濮川志略》卷一记载，南宋淳熙（1174—1189年）年间，濮院“轻纨素锦，日工月盛，濮院之名，遂达天下”。自宋代濮氏迁居本地后，农桑和丝织业不断发展，所产濮绸白净、细滑、柔韧、耐洗，系绸中上品，为历代皇室官宦普遍采用,在国内享有盛誉,在海外也名闻遐迩,繁荣绵延700余年。到了明万历年间,改土机为制纱绸机,技术大为进步,濮绸之名更盛。濮院丝绸业规模不断扩大,演进为“日出万绸”的丝织业专业市镇。及至清康熙、雍正、乾隆年间(1662—1795年),丝绸产销进入鼎盛时期,形成了以濮院为核心的蚕桑丝织区域商品经济中心。

据《浙江通志》记载,“嘉锦之名颇著而实不称,惟濮院生产之纺绸,练丝熟净,组织亦工,是以一镇之内坐贾持衡,行商麇至,终岁贸易不下数十万金”,史称“工商巨镇”。当时的濮院镇万家烟火,民多以织绢绸为生,所产濮绸品种繁多,绸有花绸,绢有花绢、官绢、箩筐绢、素绢、帐绢、画绢,绫有花、素、锦,罗有三梭、五梭、花罗、素罗,纱有花纱、脚踏纱、绉纱等。清代后期又模仿湖绉,盛产濮绉。直到现当代,文化名人丰子恺和茅盾也对濮绸情有独钟。据有关资料记载,丰子恺喜欢穿绵绸服饰;茅盾在北京时,还让亲戚把做好的濮绸棉袄送过去。濮绸行销全国,以“大富贵”“小富贵”等花样的濮绸,更受北方人的喜爱竞购。

第二节　濮绸发展的千年足迹

一、官营织造的民间带动

浙江蚕织生产在唐朝后期和五代的基础上获得进一步的发展。北宋时的官营织造，在东南地区，除江东的江宁织罗坊和两浙的润州、常州织罗坊外，在浙江有湖州的织绫务和杭州的织务。从北宋乾德五年(967 年)至南宋乾道八年(1172 年)的 200 多年间，两浙路(相当于今之浙江和江苏的江南部分地区)上贡丝物占全国各路上贡丝物总额的三分之一以上，上贡的丝绵则超过全国的三分之二。靖康二年(1127 年)，金兵攻陷汴梁，北宋亡而皇室南迁临安(杭州)，建立南宋。北方大批官商巨贾纷纷南迁，不少农民、手工业者和一般商贩也来到江南地区。随着丝绸生产技术的提高，出现了缫丝和织绸分业的现象，嘉湖地区的蚕织生产发展迅速。

图 18　古代濮绸产品

二、濮氏家族开启濮绸织造先河

桐乡濮院原是“平衍千里”的草荡，宋高宗的驸马濮凤（原是山东曲阜人）随宋室南渡后，定居于此，所以此地后来名之为濮院。濮氏于孝宗淳熙年间（1174—1189年）就在濮院经营蚕织。“自（理宗）淳祐景定（1260—1264年）以后，宋室渐衰，濮氏寥寥仕途，经营家业，臧获千丁，督课农桑，机杼之利，实自此始。”濮氏家族把北方发达的蚕桑业和纺织业生产技艺带到了濮院。濮院人从此开始了种桑养蚕、机梭纺织的生活，从而“濮院之织聚一镇，比户操作，明动晦休，实吾乡衣食之本”。崇德等地，文献记载：“语溪（崇德）无闲旷，上下必植桑，……贫者数弓之地，小隙必栽，……蚕月无十亩之家。”这种盛况，其时非崇德一地如此，其他如安吉，“唯借蚕以办生事”，“地富丝桌，归安一带”，“渔舟荡漾逐鸥轻，呕轧缫车杂橹声”。濮院所产之绸，一般都称为“濮绸”。

图 19　古代土法缫丝

据《民国濮院志》记载，濮绸是当时浙江丝织物的名产品之一。该镇的丝织技术，对嘉湖丝绸业的发展，曾起了较大的推进作用。到元代中期，濮氏后代濮鉴设立了四大牙行，收集储存镇上及农村的丝绸产品。由于濮院交通发达，不少商贾慕名而来，濮院丝绸产品远销各地。当时，濮院的繁荣热闹景象已初步显现。"宋锦人传出秀州，清歌无复用缠头。如今花样新翻出，海内争夸濮院绸。"

图 20　桐乡市濮院杨家桥明墓出土的杂宝云纹缎丝绵袍

三、原住民对濮绸的记忆

濮院丝绸业得以兴旺发达，据传与朱元璋有关。元代末年，朱元璋的军师刘伯温路过濮院，发现濮院镇地形椭圆，四周环水，好像盖在池面上的一片荷叶。他认为濮院是一块风水宝地，说不定将来会出天子。为了让朱元璋当皇帝，他决定破掉这块宝地的风水。于是，他鼓励当地百姓挖坑装绸机，使这块荷叶地上挖了千百个坑，让荷叶碎、风水破。从此，濮院镇家家户户安装了绸机，使濮院的丝绸业越来越发达。这个传说也印证了刘伯温的一首诗："鸳湖西隅古梅泾，晋濮驸马筑庭院。荷叶棋盘珍珠漏，大明江山永千秋。"

图 21　古代土丝缫丝机

据家住濮院镇花园街的张氏老人回忆，在民国初期，他家里有2台绸机。他爷爷奶奶穿的就是他们自己做的濮绸服装，他小时候还穿过爷爷奶奶做的绸长衫。濮绸鼎盛的时候，濮院千家万户都织绸，老百姓都穿绸衣。无论哪家女儿出嫁，嫁妆中一定要有蚕种和濮绸做的衣服，如红绸衣服、裙子、大红鞋子和红绸缎等。据另一张氏老人回忆，他爷爷奶奶抗日战争时逃到濮院，开始自己制作濮绸服饰。他们去世后，留下了旗袍、围裙各1件，均为爷爷奶奶生前亲手缝制。旗袍是纯紫色的，围裙则是团花黑色的，2件均完好无损。他们觉得衣服挺好，不舍得丢弃，一直存放在箱子里。2009年，老人将这2件衣服捐献给了桐乡市博物馆。当时穿绸衣服的老百姓只有在夏天的时候可以看到，一般大人穿绸的短袖衫、绸的长裤，小孩则穿绸肚兜、绸短袖衫，还有一些老太太会穿着绸裙去庙里烧香。

第三节　濮绸的商品价值和文化属性

一、濮绸的商品属性可见一斑

自宋代濮氏迁居濮院后，濮院的农桑和丝织业不断发展，所产濮绸白净、细滑、柔韧、耐洗，系绸中上品，为历代皇室官宦普遍采用，在国内享有盛誉，在海外也名闻遐迩，繁荣绵延700余年。南宋淳熙（1174—1189年）年间，“轻纨素锦，日工月盛，濮院之名，遂达天下”（《濮川志略》卷一）。由于江南丝绸生产发达，推动了濮绸商业的经营，濮院镇丝行绸庄林立，一镇之内，多达40余家。丝行无不兼营绸业，绸庄虽不业丝，但必须购买新丝贷于机户发丝收绸，其资本皆百万以上，故独资少合资多。机户大多无资本，需仰赖于绸庄。清朝时期，机户制成濮绸后，通过“接手”居间介绍，每出售绸一匹，接手收取“用钱”，绸庄大多惯于中午赴市收绸，谓之“出庄”。

图 22　清代濮绸红裙经典作品

二、濮绸文化印记的积淀深厚

据传明代燕王朱棣从北京发兵到南京，夺取了皇位，成为历史上较有作为的皇帝。永乐皇帝迁都北京，为了壮大明声威，巩固国防，又维修了长城，并在山海关上竖起大旗。山海关上风沙极大，用一般丝绸制作的旗帜几天就被风撕裂。为此，守关将军伤透脑筋，就建议永乐皇帝选用贡绸中最好的绸制旗。永乐皇帝命大臣把十几种贡绸分门别类一一平置在案桌上，用一把刀刃锋利的宝剑在绸布表面水平刮动，以试牢度。其他的绸只刮了一个来回，有的就起了毛，有的裂了缝，唯有濮绸刮了三个来回才稍稍起了点毛，永乐皇帝就下令用濮绸制作大旗。濮绸果然不负众望，制成的大旗不仅能较长久耐风沙袭击，而且艳丽的色彩也经久不变。用濮绸制作的大旗，上书“天下第一关”十分壮观。濮绸因此名闻遐迩，广泛用于军事上制作战袍、军帐等。后来的清代皇朝、太平天国等，都长期选用濮绸以作军用，至今故宫中还能找到濮绸的制成品。

图 23　清代濮绸蓝衫经典作品

濮院的翔云观在明清时期是和苏州玄妙观等齐名的江南三大道观之一，观内殿阁层见叠出，建筑精良奇巧，更以多奇石异树珍藏为胜。翔云观原名玄明观，始建于五代，至元代经濮氏家族大规模扩建，形成了初具规模的大寺院。在翔云观内建有机神殿，供奉机神并设有机业公会，统领全镇机织及丝绸贸易事务。公会规定，凡产销一匹绸，机户和商行合捐钱2文，用于翔云观的修缮。当时濮院日出万匹绸，捐款甚丰。到了清代康熙盛世，翔云观内大兴土木，三易工匠，历时3年，耗资逾万，建起了盘丝结顶的大戏台及厢楼等配套设施。

自宋代以来，濮院因丝绸业发展形成江南大镇，镇民读书之风日盛，文化发达，宋元明清4代共有进士26人，举人86人。民国十六年(1927年)《濮院志》载："宋为人物之邦，至今士多兴于学，外廛者亦类，皆鸿生硕彦。"

濮氏好客，各方学者名流纷纷来镇寓居。元至正十年(1350年)春天，濮彦仁父子组织"聚桂文会"，东南名士500人以文赴会，由著名诗人、文学家、书画家杨维桢阅卷，评其优劣，录选优秀文卷30稿，出一专集。后世有"自吴毅以下，文皆传世"之说。明清寓居镇之附近的鲍恂、贝琼、程柳庄等结社濮川；清初举办太平文会；嘉庆间岳鸿振、陈世昌等组织冷枫诗社。明初寄寓濮院的名儒宋濂所作《濮川八景》诗，引发了众多名流唱和，推动了镇上的诗词创作。吕坤的《鸳鸯湖棹歌》斟酌旧闻，寓以讽喻，与朱彝尊的《鸳鸯湖棹歌》媲美并传。清代沈涛的《幽湖百咏》，颂赞了镇境的历史、人文、市井、物产、名胜古迹。乾隆年间，沈尧咨、陈光裕合编《濮川诗钞》，搜集 29 位诗人作品计 35 卷，其中不乏脍炙人口之作。清代雍正、乾隆以后，书画金石、考古收藏等艺术创作与鉴赏之风，亦在镇上开始盛行。沈履端、徐晞、张弘牧等人，或书画，或金石雕刻，或收藏鉴赏，均有很深造诣。清代濮院画家董棨，行修学博，善画花卉翎毛。其仿宋本草虫长卷真迹，经吴昌硕题字，尤为珍品（现存桐乡市博物馆）。名士沈梓写下了大量的太平天国史料，其高祖沈东畬作《东畬杂记》，祖父沈韦汀以《幽湖百泳》附之，为濮院留下了宝贵的文史资料。

第三章

濮绸精湛的传世技艺

第一节　得天独厚的优质丝绸原料

为了让人家了解濮绸的生产，有必要先了解丝织品原料的生产过程。整个过程需要：

一、栽桑养蚕

在培植好桑树的基础上，准备好蚕室、蚕具。同时，应将蚕房周围环境喷药消毒。催青：蚕种出库第8天左右，可见到蚕卵一端有一小黑点，叫点青。一张蚕种有20%卵点青，就用黑布遮光，从点青之日算起，第三天早上5点钟就除去黑布，开灯感光孵化。收蚁：感光 3—4 小时后，春蚕在上午 9 时，夏秋蚕在上午 7—8 时即可收蚁。

饲养：1—3 龄称为小蚕，小蚕要求的环境为高温多湿。2 龄蚕将桑叶切成蚕体长 1.5 倍的小方块，3 龄蚕桑叶粗切成三角形喂食，每次的给桑量应掌握在下次给桑前蚕座上略留少量残桑为适度。小蚕体色转为白色，身体缩短，体表紧张发亮，1 龄蚕部分蚕体黏附蚕粪。3 龄蚕有蚕驮蚕现象时，即可加网给桑进行眠前除沙。4—5 龄蚕为大蚕期，生长适宜温度为 25 摄氏度。5 龄蚕要求桑叶新鲜质好，选采顶芽下 7—15 片叶喂养，达到良桑饱

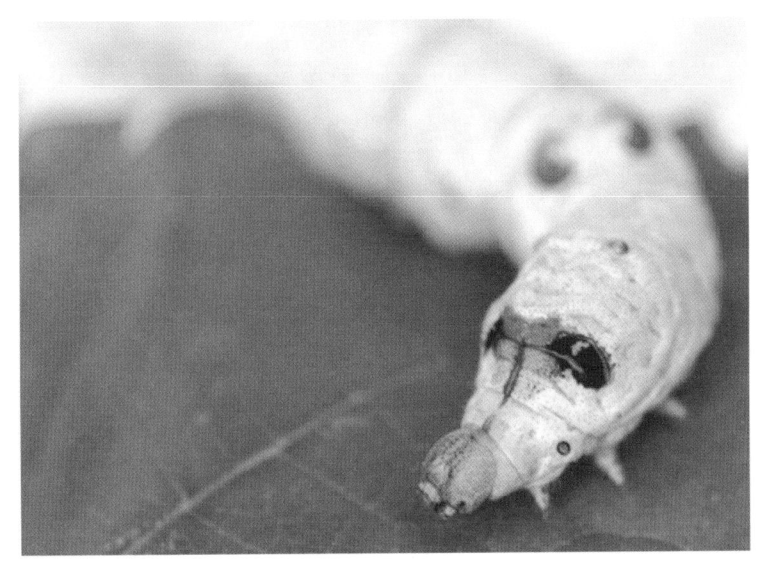

图 24　蚕宝宝饲养图景

食、提高产量质量的目的。5 龄大蚕经过 6—7 天便开始停止食桑，排出大量绿色软粪，胸部透明，身体略软，呈蜡黄色，头部左右摆动。这时，选用 3—4 块方格蔟交替重叠水平放好，把熟蚕均匀撒到簇上，待蚕爬定后将簇钩挂起来。上蔟期间要保持通风良好，维持蔟中温度 24 摄氏度、湿度 85%为宜。一般春蚕上蔟后 6 天，夏秋蚕上蔟后 4—5 天即可采茧出售。

二、收烘茧

收烘茧是蚕业生产过程中的重要环节之一。在蚕区内开设茧站(茧行或茧市)，以干壳量评茧或者手估目测方法评茧，确定鲜茧价格，收购当地蚕农出售的鲜茧。收购完毕后，茧站需要烘茧。烘茧就是利用热能杀死茧内活蛹，并除去适量水分，把鲜茧烘成干茧的工艺过程。烘茧又称蚕茧干燥，是蚕茧加工的第一道工序。因为鲜茧中蛹体含 75%左右水分，茧层含水 13%—16%，若不及时烘干，会因蒸热使茧霉烂变质，还因会出蛆、化蛾而成下脚茧。为使蚕茧利于运输及储存，须将蚕蛹烘杀并将鲜茧中 60%水分除去，使适干茧的茧层和蛹体回潮率控制在 10%—12%。此外，为保护茧层及解舒良好，还应使茧层丝胶适当变性，增加煮茧抵抗力和生丝强力，降低缫折，减少缫丝故障，提高生丝的清洁和净度。鲜茧干燥须经预热干燥、恒速干燥和减速干燥3个阶段。烘茧完成后，进行打包储存，卖给丝厂缫丝。

图25 茧站一景

三、缫丝

生丝是织造丝绸的原料，而将蚕茧抽出蚕丝的工艺称为缫丝，是生丝制作的过程。原始的缫丝方法，是将蚕茧浸在热盆汤中，用手抽丝，卷绕于丝筐上。盆、筐就是原始的缫丝器具。

缫丝是制丝过程的一个主要工序。根据产品规格要求，把若干粒煮熟茧的茧丝离解，合并制成生丝。缫丝方法很多，按缫丝时蚕茧沉浮的不同，可分为浮缫、半沉缫、沉缫3种。蚕茧的浮沉主要决定于煮茧后茧腔内吸水量的多少。按缫丝机械类型的不同，可分为立缫和自动缫2种。按自动缫丝机的感知形式不同，可分为定粒感知缫丝和定纤感知缫丝2种。定粒感知缫丝是在缫丝过程中使每根生丝保持一定的茧粒数，缺粒就添绪和接绪；定纤感知缫丝则采用纤度感知器，当生丝细到一定限度（称为细限纤度）时即行添绪和接绪。绪表示每粒茧的茧丝头。按生丝卷绕形式的不同，可分为小缫丝和筒子缫丝2种。小缫丝是将生丝卷绕在小篗上，然后返到周长为1.5米的大篗上，再做成绞装形式。筒子缫丝是卷绕成筒装形式。这样，生丝便成了丝织品的原料。

四、织造

丝织工艺是织就绚丽多彩的绫罗绸缎的重要组成部分。通常将生丝经加工后分成经线和纬线，并按一定的组织规律相互交织形成丝织物，这就是织造工艺。各类丝织品的生产过程不尽相同，大体可分为生织和熟织两类。生织，就是经纬丝不经炼染先制成织物，称之为坯绸，再将坯绸练染成成品。熟织，就是指经纬丝在织造前先染色，织成后的坯绸不需再经炼染即成成品。这种方式多用于高级丝织物的生产，如织锦缎、塔夫绸等。然后染整印花。印花工序在丝绸的生产过程中具有重要的地位。因为只有运用染整技术，才能随心所欲地将我们喜爱的花色及图案完美无缺地再现在白坯上，从而使织物更加富有艺术性。该工艺主要包括生丝及织物的精练、染色、印花和整理几道工序。（1）精练。蚕丝由2根单丝组成，其主体为丝朊，外层包裹丝胶。大部分的色素、油脂、蜡质和无机盐等都存在于丝胶中。这些杂质对印染的效果有很大影响，所以，必须在染色前将其去除。人们在长期实践中，掌握了丝胶受化学剂或酶的作用易溶解于热水的特性，并利用丝胶这一弱点，将坯绸或生丝放入装有肥皂（或合成洗涤剂）与纯碱（碳酸钠）的混合溶液内进行加热，丝胶加热后进行水解。经过这样的精练，脱除丝胶而保存丝朊，并去除了色素、脂、蜡等杂质，从而取得色泽洁白的丝制品。脱胶后的生丝，称为熟丝。生丝脱胶的程度须根据生产要求而定。（2）染色。色泽洁白的坯绸经精练之后，便进入染色阶段。染色就是使染料和蚕丝、坯绸等发生化学反应，让坯绸染上各种色彩的工艺。由于蚕丝属蛋白质纤维，不耐碱，染色宜在酸性或接近中性的染液中进行。目前用于丝织物染料的主要有：酸性染料、活性染料、直接染料与还原染料等。用酸性染料染上的颜色比较鲜艳，染后用阳离子固色剂处理，可提高产品的水洗牢度。活性染料染在蚕丝上有良好的水洗牢度。织物的染色方法随织物的品种而异，如绉、纱类织物用绳状染色或溢流喷射染色，纺、绸、缎类织物则用平幅挂染或卷染。（3）印花。一种色彩毕竟单调，除染色外，人们还采用印花技术使丝绸变得五彩缤纷。印花是指将染料按照设计好的花色印在织物上的一种工艺。常用的印花工艺有直印、拔印、防染。直接印花指色浆直接通过筛网印花版印在丝织品上，是基本印花方法之一，可用多种染料共同印制。

第二节　濮绸独特的丝织设备和工艺流程

一、中国古代丝织工艺

（1）准备工序。有原料检验、浸渍、络丝（翻丝）、并丝、捻丝、定型（定捻或蒸筒）、成绞（扬返或扛丝）、倒筒（再络）、整经（牵经）、浆丝、并轴、穿经、接经、卷纬（摇纡）、保燥（潮）等工序。

(2)织造工序。将准备好的经丝在均匀而有一定张力下与纬丝相互交织,构成各种组织、幅宽和强度的丝织物。丝织机在织造过程中均由开口、引纬(投梭)、打纬、卷取、送经五大运动完成织物织造。织造后的坯绸,须进行码绸、检验、修绸、洗渍、织补、刺字、卷绸、入库等工序。

(3)工序流程。丝织工序流程应根据品种、使用原料、生产设备等不同而各有差异,一般完整的丝织准备工序流程分为平经平纬织物、绉经绉纬织物、熟货织物等3类,各类织物的工序流程均有自己严格的规定。

图26　铁木丝织机车间场景

浙江丝织传统技艺古老、精湛,绸缎瑰丽多彩。明代,官营手工业工匠人数多,分工明细。织染行业工匠,3

年一役的是织匠、络丝匠、挽花匠、染匠；2 年一役的是销金匠；1 年一役的是罗、帛花匠。民间丝织业内部分工也很明确。据杨树本《濮院琐志》载，丝织业有"络丝、织工、挽工、牵经、刷边、运经、扎扣、接头、修绸、看庄等，或一人兼数事，或专司一业"。范祖禹《杭俗遗风》载："杭州后市街之太平桥以及下段东街，有机织绸缎者，其经纬各丝，多发女工络纺。"《天工开物》总结了历代织造工艺技术。绉纱，其织法是左右手各用一梭交互织成。凡单经曰罗地；双经曰绢地；五经曰绫地。先染丝而后织者曰缎；织时两梭轻一梭重，空出稀络者，曰秋罗。又绫绢以浮经而见花，纱罗以纤纬而见花。绫绢一梭一提，纱罗来梭提，往梭不提。中空小路以透风凉的罗，在织造中的关键，全在软综之中，衮头两扇，打综一软一硬，凡三梭五梭（最厚者七梭）之后，踏起软综，自然纤转，诸经空络不粘，若平过不空路而仍稀者曰纱，关键亦在两扇衮头之上。织花绫紬则去此两扇而用光综八扇。又素罗不起花纹与软纱绫绢踏成浪梅花者，视素罗只加光二扇，一人踏织自成，不用提花之人，亦不必设衢盘与衢脚。《天工开物》还详述了丝织工艺过程。从"调丝"（络丝）到"边维"（另加边经），中间工序有"纬络"（摇纡）、"经具"（牵经）、"过糊"（上浆），是织造的准备工作。从"经数""花式机""腰机式""结花本""穿经"到"分名"，是说明不同织机和各种丝织品的织造工艺，与现代丝织工序相差无几。一般丝织物“经质用少，而纬质用多，每丝十两，经四纬六，此大略也”。明末，手工织绸使用脚踏木制提花机，一台织机需3人操作，“开机工”每唱一句“碰、碰，扎、扎，窗，易、拉”号子（杭州地区则喊“碰、碰，拽”的号子），悬空蹲在机架上的“丝花工”按花纹要求，用力提拉经丝，使经丝形成梭口，“开机工”就投进一梭。“帮机工”则前后走动，做辅助劳动。清代，民间丝织业分工比前代更精细，杨树本《濮院琐志》卷一载：有“络丝、织工、挽工、牵经、刷边、运经、扎扣、接头、修绸、看庄等，或一人兼数事，或专司一业”。1933年《中国实业志》记载：浙江省绸缎制造方法，生货部分，纯用天然丝、经丝，先络后翻，次施以并丝、上浆、牵经、上机、接头等工作；纬丝则缠头打线、摇纡、上梭等手续完毕，即可开机生产。熟货织物，经丝，先由料房制成，再加以染丝、散络、摔经、上机、接头等工作；纬丝，则炼染后，经络丝、摇纡、上梭等程序，即可开机织造。

清代，民间丝织业更为发达，杭州东园、艮山门外一带机户，昼夜织作，产品质量精益求精，“价不争昂衣论料，欲买请看机上号”。双林织户，对织室之干燥，进行人工调节，《双林镇志》卷一六载：“天阴则箱下置火盆，燥则喷水，必须顺天时也。”机坊内部分工日益精细，有“络丝、织工、挽工、牵经、刷边、运经、扎扣、接头、接头、修绸、看庄等，或一人兼数事，或专习一业”。因此，出现人员余缺和雇工现象，也出现劳动力市场。乾隆、嘉庆年间，“织工、拽工，或遇无主，每早各向通衢分立，经工立于左，拽工立于右，来雇者一目了然，谓之巷工”。“太平巷，本福善寺西，出正道，合镇织工、拽工，每晨集此以待雇。”光绪五年(1879年)，新疆蚕桑局曾多次派人来浙江招雇织染工匠。次年，河南蚕桑局派员来浙招雇织花机匠，雇用机匠5名，料房匠2名，牵经、理线、大缸染匠各1名，经纬染匠、绸绉染匠各2名。购置样机3张、经纬3对。湖北蚕桑局向浙江招雇织匠2人，专织花衣；湖匠4人，专织湖绉；绍匠4人，分织花罗、线春、官纱、纺绸等项。染匠也是向“浙绍招雇”。光绪十七年(1891年)，北京西苑门内设立“绮华馆”，织造绸绉，曾派杭州织造官员招募“精通缫丝、纺织、炼染各匠并养蚕妇，以及买织绸各项机具，一并召募置办”。

二、濮绸的生产设备及工艺特色

古代的濮绸生产，一般以一家一户为生产单位，家中男女老少分别担任织机相关工作。拥有织机七八台者，雇用工人数在10人以上，曰“大机房”。这种具有资本主义萌芽状态的手工业生产，从元代中叶即已开始。濮院镇太平巷就是当时濮绸生产的场所，据民国《濮院志》记载，受雇者每晨集此各向通衢分立，织工立于左，拽工立于右，来雇者，一目了然，谓之“巷工”。用“土丝”作为生产濮绸的原料，是濮院生产的主要特点之一。

迄今最早的土丝操作技术的文字记载，是晋代杨泉《蚕赋》：“分薪柴而解著，茧丝互而相攀，竞以拿攫，再笑再言；惰者悦而忘解，劣者勉以增勤；是月也，下及兆民，咸趋缫事，尔乃丝如凝膏，其白伊雪。”南宋陈旉《农书·簇箔藏茧之法篇》：“（藏茧）七日之后，出而澡之，频频换水，即丝明快，随以火焙干，即不黯斁而色鲜洁也；（茧）每一斤取丝一两三分。”楼琫《耕织图诗·缫丝》：“连村煮茧香，解事谁家娘。盈盈意媚灶，拍拍手探汤。上盆颜色好，转轴头绪长。”范成大《缫丝行》诗：“姑妇相呼有忙事，舍后煮茧门前香。缫车嘈嘈似风雨，茧厚丝长无断绪。”《四时田园杂兴》诗：“百沸缫汤雪涌波，缫车嘈囋雨鸣蓑。桑姑盆手交相贺，绵茧无多丝茧多。”陆游《禽言》诗：“蚕女采桑至煮茧……”从宋《蚕织图·生缫》和元代程棨《耕织图》所见缫丝车形制和缫丝操作，缫丝时缫汤要细泡微滚，先用竹筷引出绪丝，再通过集绪器，经过鼓轮、络交、卷上大篗子，篗子两辐做成活动，以利于脱出丝片。元代赵孟頫《题耕织图诗·六月》：“釜下烧桑柴，取茧投釜中。纤纤女儿手，抽丝疾如风。但闻缫车响，远接村西东。”从

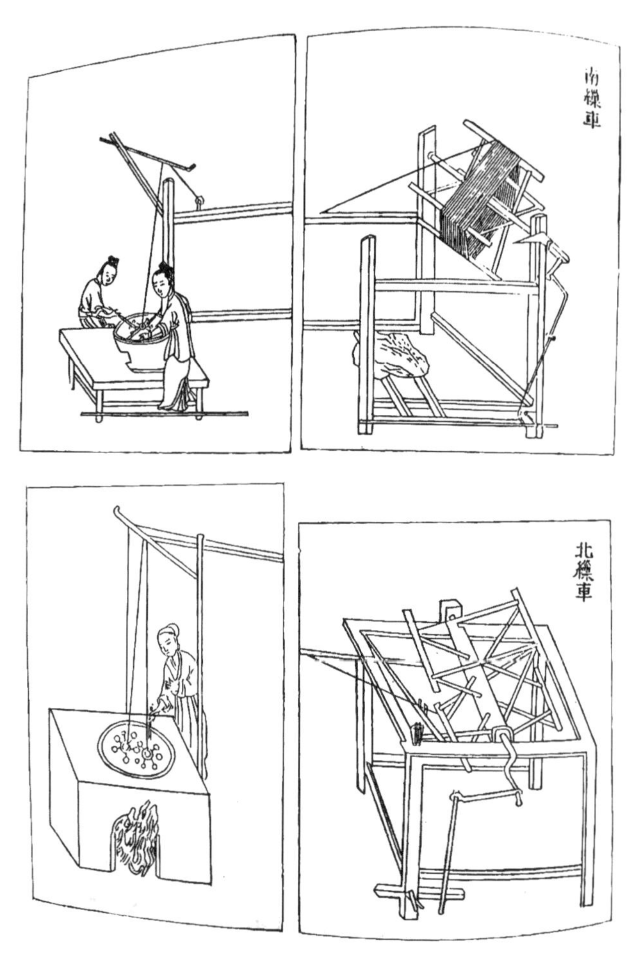

图 27　古代土丝缫丝机

《农桑辑要》卷四“缫丝”引《士农必用》的记载中，可见当时为生产优质生丝，缫丝的中心要求是细、圆、匀、紧，没有糙块和丝条粗细不匀。缫丝方法，有热缫和冷缫之别。

热缫为将茧子置于沸水中缫丝，冷缫则将茧子置于一定水温中缫丝。丝质、丝色冷缫比热缫为优。明代方以智《物理小识》“治丝”：“提绪入星丁，乃由送丝签以登大车。”宋应星《天工开物·乃服》“治丝”载：“丝美之法有六字：一曰出口干，即结茧时用炭火烘；一曰出水干，则治丝登车时，用炭火四五两盆盛，去关车五寸许。运转如风时，转转火意照干，是曰出水干也。”缫丝“出水干”三字要诀，要求缫丝锅中刚缫出的生丝干燥，边缫边干，丝条不容易粘并或产生硬角。这种方法一直沿用至 20 世纪 30 年代。徐光启《农政全书·蚕桑》载：“添丝搭在丝窝上，便有接头，将清丝用指面银在丝窝内，自然带上去，便无接头也；此命全缴丝，圆紧无疙疸，上等也。”提出了缫丝添绪技术与添颣形成关系。缫丝时二人同时工作，一人踏轩、理绪、添头，另一人则专任准备蚕茧、添茧入锅、司炉、加水等辅助工作。一般都二绪缫，即所谓“今多处缫丝皆只双缴”。生丝条分粗细，由每绪茧粒来控制。当时有缫制 10 余粒茧合成一绺（绪）的较粗生丝，也缫制 3—4 粒至 7—8 粒茧合成一绺的细丝。细而白的丝称合罗；稍粗者称串五；又粗者称肥光（后称肥丝者，盖本于此）；最下者称荒丝。合罗一般供皇室享用。清代《吴兴蚕书》对蚕品种与缫丝工艺对生丝品质的影响有所记载，谓：“头蚕丝光而韧，二蚕丝松而多颣，各方所出有粗有细，粗者两绪做，细者三绪做。”生丝质量要求“丝以匀为佳”。缫丝烧柴选择，在《育蚕要旨》中载：“储薪，亦须拣择，最好是栗柴，桑柴次之，杂柴又次之，切不可烧香樟，其气能使丝红色。”鸦片战争以后，蚕丝生产以家庭副业方式经营。原料茧，一般分缫丝用茧、做绵用茧、澼絮用茧等3类。一般都用鲜茧缫丝；有的曝晒3日（俗称凉茧），阴雨则用火烘之，以延长缫用时间。对缫篗上丝片干燥，有“火旺则丝鲜明，火微则僵边而色滞”的经验。“汤沸茧绪出，策转丝成片，丝成论车以两平，两眼三眼别粗细。”所产生丝分细丝（包括中匀丝）、肥丝和粗丝3种。细丝用上等茧，肥丝用上等或中等茧，粗丝用次等茧。细丝定粒茧5—6、7—8粒，多数在10粒以下；中匀丝为11—12、16—17粒；20粒以上或30粒以上，统称肥丝或粗丝（24—25粒或34—35粒）。浙江蚕农有“丝以匀为主，或粗或细，须始终如一”，“丝之匀全在茧窝匀”之经验。

濮绸的织造工艺十分讲究，分工极细，从丝到绸的制作过程要经历多人之手，非一人之力可以完成。整个织造过程大体为：蚕农→丝行→绸行→泡坊→染坊→机户→绸行。工艺上包括络丝、摇纬、牵经、运经、刷边、织手、提花等工序，每道工序都非常讲究。在丝织工艺上，古代的濮绸有它自己的特点。第一，濮绸生产使用的是“土丝”，多数用的是春蚕鲜茧，由养蚕户手工缫成。这样可

图 28　嘉兴王店李家坟明墓出土的灵芝竹叶纹（织金绸裙）

以充分保持鲜茧原有的“伸张力”，减少“落绪率”，缫折也小，丝的色泽比干茧所缫之丝更为光润。第二，是开挖机坑。绸机长 2 丈许，机腿后长 6 尺，前倍之。前后腿之间支以木，高 3.5 尺，名中机腿。前机腿前立 2 柱，高 6 尺，横木成框，俗称牌楼。又有耳柱 2 根，高 0.5 尺，以贯受绸之轴，也称肚轴，轴长 4 尺余。轴之前横竹，为织者所坐，其下为坑，坑深 2 尺，长 7.5 尺，广半之。机坑不仅能

图 29　桐乡市博物馆收藏的濮绸成衣

使机身着地，起稳固作用，而且能使织机上的经纬丝吸收地下湿气，提高含潮率，使经纬丝宽松适度，减少经丝断裂，提高濮绸质量，在西北风起气候干燥时，机坑的给湿作用更为显著。第三，濮院的纡子（纬线）浸在水钵之中，从钵内取出纬线随手装入梭子，带水操作，加密梭脚，可使绸面平整润滑又富有弹性。第四，濮绸生产使用“竹扣”，因为是手工送梭，速度很慢，每分钟约 50 梭至 70 梭，与“钢扣”的现代电动丝织机（每分钟约 200 梭，花梭阔机约 100—150 梭）无可比拟，但“竹扣”受潮后不会生锈，可确保丝绸产品的质量。第五，濮绸有独特的提花过程。濮绸分素濮和花濮 2 种，生产花濮要有提花装置。绸机上的“花楼”就是提花装置。前机腿后端左右各立 2 根木柱，高约 5 尺，其上置横木 4 根做方框，直径 4.4 尺，横经 5 尺，其后为拽花者所坐，高若楼故曰“花楼”，俗名“虎箱圈”。圈内为棋线与牵线，圈之上植木 2 根，俗称“冲天木”，上再置横木作“开”状，以挂牵线，这也是绸机最高处。通过花楼，制成各种不同的额花纹图案的濮绸面料。这样生产出来的濮绸具有质地细密、柔软滑爽、色彩艳丽、牢度特别强等特点。因此，濮绸与当时的杭纺、湖绉、菱缎合称“江南四大名绸”，远销海内外，为历代皇室官宦所普遍采用，名闻遐迩，繁荣绵延 700 余年。

三、濮绸织造技艺的传承

明代至民国期间，濮院东市南埭街几乎家家养蚕，户户织绸。抗日战争爆发以后，濮绸市场逐渐萎缩，以后一直没有得到恢复。民国时期，桐乡的郑泰和染坊一直保有织造、染整的生产设备，进行濮绸生产。另外，代表性传承人为朱仁宝(1924 年出生)，他 17 岁时开始从父亲朱阿南织绸，经历了木机织、铁木机织、电机织等几个阶段，至濮绸市场萎缩后停止织造。濮绸织造技艺的传承人，大多在民间，但有待挖掘和发现。

第三节　风格雅致的濮绸品类

濮绸是桐乡濮院出产的传统丝绸产品，是我国历史上著名的丝绸品种之一，与杭纺、湖绉、菱缎并称"江南四大名绸"。濮绸织工精美，料面细密，柔软爽滑，坚韧耐

图 30　桐乡濮院杨家桥明墓出土的缠枝宝相花纹缎(丝棉被)

磨，具有风吹不折、晒不褪色的特点。据说清代宫廷所用黄龙旗就是采用濮绸制成的。

濮绸品种繁多，绸有花绸，绢有花绢、官绢、箩筐绢、素绢、帐绢、画绢，绫有花、素、锦，罗有三梭、五梭、花罗、素罗，纱有花纱、脚踏纱、绉纱等。清代后期又模仿湖绉，盛产濮绉。

第四章

濮绸的失传与重生

第一节 “天下第一绸”濮绸亟待拯救

自南宋淳熙(1174—1189年)以来,濮绸繁荣昌盛历经660余年。到了清道光二十年(1840年)鸦片战争后,帝国主义列强入侵,在通商口岸设行办厂“引丝扼绸”,掠夺原材料,波及濮院,使濮院丝绸业深受盘剥之苦。如当时的濮院朱春茂丝行兼绸庄,就因上海美鹰洋行、恒茂丝栈的洋商及华人买办“坐庄”压价收购土丝出口受严重影响。同时,国内机械缫丝工业兴起,江苏盛泽发明了新型的绸机,而濮院仍旧多停留在手工生产操作,缺乏竞争能力,使得濮院的蚕桑丝绸生产处于困境,受到冲击。民国五年(1916年)时,虽有人赴杭州深造,学成归来,改革丝绸生产，将木机改成铁机，但终因集资困难，又无电力设备，机械缫丝难以实现。由于丝绸生产滑坡，丝行绸庄到民国十年(1921年)前后，仅存18家，其经营规模已大大逊色于明清时期，唯5月新丝上市旺季10余日内，每日成交额可达二三十万两银。民国十三年(1924年)，江浙齐卢战事起，交通中断，销售停滞，存货积压，丝价猛跌，生产受挫，使濮院丝绸业成了强弩之末。其间，虽有镇绅徐颂嘉力图革新，于濮院镇西河头创建丝厂，改良木机30台，生产的木车丝优于“土丝”，但尚比不上电力机械化缫制的条纹细、匀度好、缫折小、出产高的“厂丝”，不久即告关闭。民国二十六年(1937年)濮院沦陷，遭日军毁灭性破坏，织机损失殆尽，丝行、绸庄倒闭，仅存朱致仁、瑞隆、盈记3家丝行绸庄，依靠附近农村机户，勉强维持。濮院丝绸业一落千丈，并且从此一蹶不振。

新中国成立以来，特别是改革开放后，濮院的蚕桑丝绸业得到较快发展，在20世纪80年代至90年代成为地方政府的税利大户和支柱产业，在国民经济中的地位举足轻重。像省丝绸公司的定点企业濮院丝厂、梧桐丝厂、桐乡丝绸联合厂、桐乡丝绸印染厂都是当地的知名骨干丝绸企业。自21世纪以来，由于沿海地区土地资源紧缺，城市化进程加快，劳动密集型产业转移，农村劳动力不足等原因，蚕业生产不稳定。由于产业基础不稳固，桐乡市要恢复作为一种特殊丝织工艺的濮绸的生产也是难上加难。目前，桐乡市博物馆保存着20多件濮绸服饰，有一批濮绸是1992年时从濮院民间收集到的，包括绸衣、绸裤、绸长袍和绸料，很可能那也是唯一的一批濮绸服饰。如今，濮绸制造工艺虽已被列入第三批省级非物质文化遗产名录，但由于濮绸早已停止生产，其制作机器和工艺也已失传，传承人越来越稀缺，情势实在不容乐观。

第二节　濮绸申遗的历史机遇

一、国家层面高度重视，专门出台指导意见

2008年3月，国务院专门出台了《国务院办公厅关于加强我国非物质文化遗产保护工作的意见》，同时印发了《国家级非物质文化遗产代表作申报评定暂行办法》。2012年2月，文化部专门出台了《关于加强非物质文化遗产生产性保护的指导意见》。2014年9月，浙江省文化厅专门印发了《关于加强全省非物质文化遗产生产性保护工作的指导意见》。上述指导意见明确指出：要充分

认识开展非物质文化遗产生产性保护的重要意义。非物质文化遗产生产性保护是指在具有生产性质的实践过程中，以保持非物质文化遗产的真实性、整体性和传承性为核心，以有效传承非物质文化遗产技艺为前提，借助生产、流通、销售等手段，将非物质文化遗产及其资源转化为文化产品的保护方式。目前，这一保护方式主要是在传统技艺、传统美术和传统医药药物炮制类非物质文化遗产领域实施。在有效保护和传承的前提下，加强传统技艺、传统美术和传统医药药物炮制类非物质文化遗产代表性项目的生产性保护，符合非物质文化遗产传承发展的特定规律，有利于增强非物质文化遗产自身活力，推动非物质文化遗产保护更紧密地融入人们的生产生活；有利于提高非物质文化遗产传承人的传承积极性，培养更多后继人才，为非物质文化遗产保护奠定持久、深厚的基础；有利于继承弘扬优秀传统文化，推动优秀传统文化繁荣发展，满足人民群众的精神文化需求；有利于促进文化消费、扩大就业，促进非物质文化遗产保护与改善民生相结合，推动区域经济、社会全面协调可持续发展。这要求各级文化行政部门应充分认识非物质文化遗产生产性保护的重要意义，增强责任感和紧迫感，积极探索，加强引导，进一步推动我国非物质文化遗产生产性保护工作深入开展。要正确把握非物质文化遗产生产性保护的方针和原则。非物质文化遗产生产性保护要坚持以科学发展观为指导，按照《中华人民共和国非物质文化遗产法》的规定，认真贯彻“保护为主、抢救第一、合理利用、传承发展”的方针。在非物质文化遗产生产性保护工作中，坚持以人为本、活态传承原则，坚持保护传统工艺流程的整体性和核心技艺的真实性原则，坚持保护优先、开发服从保护原则，坚持把社会效益放在首位，社会效益和经济效益有机统一原则，坚持依法保护、科学保护原则。同时，指导意见还对如何科学推进非物质文化遗产生产性保护工作深入开展、如何建立完善非物质文化遗产生产性保护的工作机制提出了明确要求。这对各地开展非物质文化遗产保护和传承发展提供了强大的政策保障和推进动力。

二、丝绸行业申遗已取得显著成效

目前我国政府认定的国家级非物质文化遗产项目中，纺织类非物质文化遗产已有 74 项，省级纺织类为数众多。它们涉及绣、织、染以及服饰四大类别。有关政府部门、机构、行业和企业通过各种渠道开发、保护和传承纺织非物质文化遗产，一些非物质文化遗产项目取得了明显的市场化业绩。

如何让祖先辛勤智慧的结晶世代相传下去，并让这些珍贵的财富得以更好地传承与发扬，是我们亟须解决的问题。丝绸行业现有的世界级、国家级非物质文化遗产项目如下：

1. 缂丝（世界级非物质文化遗产）。(1)产生地区：如今缂丝生产主要集中在江苏苏州、南通一带，缂丝也因此呈现出风格迥异的2个流派：苏州缂丝和南通缂丝。(2)艺术特色：缂丝源于公元前2500年，其成品正反两面如一，与苏绣双面绣有异曲同工之妙。缂丝与刺绣、玉雕和象牙雕、景泰蓝并称为中国四大特种工艺品，并与云锦合称为中国两大珍品手工丝织物。缂丝古有“织中之圣”和“一寸缂丝一寸金”的美誉，由于经得起历史的考验，又被称为“千年不坏的艺术织品”。(3)工艺流程：其工艺完全用手工通过缂丝机操作完成，具体包括：落经、牵经、上经、挑交、打翻头、拉经面、上样、摇线、缂织、修毛10个步骤，最后装裱上框即可。(4)缂丝技法有多种，一般分为平缂、掼缂、勾缂、搭梭、结、短戗、包心戗、木梳戗、参和戗、凤尾戗、子母经、透缂、三蓝缂法、水墨缂法、三色金缂法、缂丝毛、缂绣混色法等。

2. 蜀绣（国家级非物质文化遗产）。(1)产生地区：蜀绣积淀了巴蜀大地的千年底蕴，是天府之国绚烂夺目的文化艺术中的璀璨明珠。(2)艺术特色：蜀绣、苏绣、湘绣与粤绣统称“四大名绣”，蜀绣距今约有2800年，有“蜀中之宝”的美誉。蜀绣的技艺特点包括线法平顺光亮、针脚整齐、施针严谨、掺色柔和、车拧自如、劲气生动、虚实得体，任何一件蜀绣都淋漓尽致地展示了这些独到的技艺。据统计，蜀绣的针法有12大类122种。常用针法有晕针、铺针、滚针、截针、掺针、沙针、盖针等。蜀绣常用晕针来表现绣物的质感，体现绣物的光、色、形。北京人民大会堂四川厅的巨幅“芙蓉鲤鱼”座屏和蜀绣名品“蜀宫乐女演乐图”挂屏、双面异色的“水草鲤鱼”座屏、“大小熊猫”座屏、全异绣“文君听琴”“麻姑献寿”都是蜀绣中的代表作。(3)传承人概况：蜀绣国家级非物质文化遗产传承人郝淑萍，1945年出生于成都，中国工艺美术大师、高级工艺美术师、国务院有突出贡献专家，现任成都郝淑萍蜀绣工艺美术大师工作室董事长。郝淑萍大师多次到国外做技艺表演，将蜀绣艺术推广到国外。

3.汉绣(国家级非物质文化遗产)。(1)产生地区：以武汉、洪湖和荆沙为中心并覆盖湖北省长江两岸和江汉平原广大地区的刺绣体系。(2)艺术特色：以楚绣为基础，融会南北诸家绣法之长，糅合出富有鲜明地方特色的新绣法。采用一套铺、平、织、间、压、缆、掺、盘、套、垫、扣的针法，以“平金夹绣”为主要表现形式，分层破色，层次分明，对比强烈。(3)发展现状：汉绣有实证可考的历史已经有2300多年。它融会南北诸家绣法之长，是唯一注重"男工绣"的绣种，关键绣法"传男不传女"，现存的老艺人也以男性居多，作品色彩浓艳、构思大胆、手法夸张，20世纪初曾在南洋赛会和巴拿马国际博览会上获得金奖，2008年被列为国家级非物质文化遗产。但由于城市工业化进程的加快，手工刺绣的舞台慢慢被挤占，手艺无人继承，濒临灭绝。(4)解决方案：为了挽救这一技术，目前不少地方文化馆、艺术街都在邀请汉绣艺人入驻。但要重振汉绣雄风，必须结合文化传统和市场喜好走一条雅俗共存的产业道路，既要体现汉绣作品的民俗性，也要追求作品的工艺化和审美感。近年来，武汉纺织大学服装

图31 络丝车间场景

学院在汉绣的传承中做出了很多努力:成立汉绣湖北省非物质文化遗产研究中心,承办“首届汉绣与非物质文化遗产保护学术研讨会”,出版非物质文化遗产研究文集;学生创办汉绣研究与创业团队。学院面向全校学生开办汉绣研习班,让有志于此的学生学习汉绣的传统技艺,了解汉绣的发展历程,传承汉绣文化。

4.杭罗织造技艺(世界级非物质文化遗产)。(1)产生地区:杭罗至今还保存在浙江北部和江苏南部的太湖流域(包括杭州、嘉兴、湖州和苏州等市)以及四川成都等地。(2)艺术特色:罗是丝绸的一种品类。它是全部或部分由经丝互相绞缠后呈现椒孔的一种丝织物,有直罗、横罗、花罗、素罗之分。罗类丝织物主要生产于杭州,因此又称杭罗。杭罗产品质地紧密,手感滑爽,纹路美观雅致,透气性好,穿着舒适、凉爽,是夏季首选面料。(3)工艺流程:杭州福兴丝绸厂至今仍采用传统工艺生产H1226杭罗,其工艺流程为:①原料检验。厂丝进厂,检验丝的均匀度、强度,加以筛选、分类,好的做经线,稍差的做纬线。②浸泡。将厂丝放入清水,加入适量酸性溶液,煮沸20分钟,然后将煮过的厂丝捞出,放入清水缸中脱胶,约24小时。③晾干。将厂丝从清水缸中捞出,挂在竹竿上晾干,用手将丝拉伸、分离,使之恢复松软。④翻丝。将晾干的厂丝装上翻丝车,将丝绕在竹竿上,呈筒状。⑤纤经。将竹竿排列在沙盘上，利用纤经车将竹竿上的厂丝构成经轴。⑥摇纡。将另一批浸泡过的放在摇纡车上，构成纬线，然后就进入织造工序。⑦织造。在杭罗机上穿棕、穿筘、穿咖身线，形成经纬规律，织造杭罗。⑧精练。将已织成的杭罗吊挂在机桶中，配置适当的染料，进行染色，然后放入清水漂洗、晾干，成为成品。⑨缝制服装。用成品杭罗缝制服装。⑩绣花。在服装上绣花。⑪成衣。最终完成衣服成品。在上述每一道工序流程中，都保存着大量手工生产技艺。其中的水织秘方，系杭州福兴丝绸厂邵家祖传。(4)传承人概况：杭罗织造技艺具有师徒传承和家族传承2种。杭州福兴丝绸厂的邵氏杭罗，首先源于邵家织罗第一代传承人邵明才，他年轻时在杭州艮山门莫衙营一家姓郭的作坊里学到织罗技艺，后来将自己学到的织罗技艺传给儿子邵锦泉，邵锦泉又将他的技艺传给自己的儿子邵官兴。邵官兴是邵家织罗技艺的集大成者，他熟练掌握杭罗织罗中的所有技艺，目前已是国家级非物质文化遗产代表性传承人。如今，他又将自己的织罗技艺，以及邵家祖传的杭罗水织秘方传给自己的女婿张春菁，张春菁成为杭罗新一代传承人。

5.恩施土家织锦——西兰卡普(国家级非物质文化遗产)。(1)产生地区：重庆市酉阳县酉阳流域是土家织锦的原生地。西兰卡普是土家语，“西兰”是被子的意思，

“卡普”是花的意思，早先通称“打花铺盖”或“土花铺盖”，后来凡是土家手工织锦都统称为西兰卡普。(2)艺术特色：土家锦工匠称自己干的活儿叫“织花”或“打花”。同时，西兰卡普也意指自染自织的土花布，以区别于后来汉人进入土家聚居区所销售的“洋花布”。土家织锦用本地木料为主体，竹竿为辅料制造的木机，自种棉、麻，自种桑养蚕，自纺纱，自用植物颜色，自染的棉、麻、丝线手工织布。(3)传承人概况：根据资料显示，目前土家织锦艺人比较集中在湘西州龙山县苗儿滩镇和叶家寨。苗儿滩有打花人 1142 人，织机 692 台，在家打花人 47 人，35 岁以上的艺人 1139 人，35 岁以下的艺人 3 人；叶家寨有打花人 152 人，织机 30 台，在家打花人 11 人，在外打花人 55 人，35 岁以上的艺人 150 人，35 岁以下的艺人 2 人。以上数据可以从侧面反映出湘西土家织锦的从业人员情况。目前土家山寨织锦工艺有限公司有员工 120 多人，来凤满妹土家民间传统工艺品贸易有限公司有员工近 300 人，来凤县的土家织锦村有限公司也有各类职工近 100 人。凤锦织艺有限公司规模相对较小，主要采用代织的形式将活发放给织锦艺人。

6. 傣锦(国家级非物质文化遗产)。(1)产生地区：主要分布于傣族世居的云南德宏、西双版纳、耿马、孟连等地的河谷平坝地区及景谷、景东、元江、金平等县和金沙江流域一带。(2)艺术特色:傣锦从汉代开始,具有浓郁的地方特色和少数民族特色。其图案有珍禽异兽、奇花异卉和几何图案等。每种图案的色彩、纹样都有具体内容,如红绿颜色是为纪念祖先;孔雀象征吉祥;人像象征五谷丰登。傣锦有棉织锦和丝织锦 2 种。棉织锦基本用通纬起花,丝织锦既有通纬起花也有断纬起花。棉织锦以本色棉纱为地,织以红色或黑色纬线。德宏地区傣锦常用红、黑、翠、绿结合。织幅一般 33 厘米,长度约 50 厘米,多用作被面,亦用作装饰织物。(3)传承人概况:从玉溪市元江县往南走 5 公里,来到澧江街道者嘎村。这个看起来再普通不过的傣族村,却蕴藏着深厚的傣族文化,人人都能把织傣锦的方法和工序讲得头头是道。刀丽华就是傣锦手工织绣中的佼佼者,2005 年,她凭借出色的手艺获得云南省优秀民间艺人(刺绣)称号,让这个原本普通的傣族村寨在省内声名鹊起。刀丽华的女儿罗敏对傣锦也很感兴趣,她说,她一定会学会这门手艺,因为傣锦是傣族生活、习俗的重要部分,如果没有下一代继承,几十年、几百年后,这门手艺就没有了。

三、桐乡非物质文化遗产保护和申遗工作已有建树

桐乡历史悠久,人文荟萃,非物质文化遗产资源丰

富。几千年来,桐乡人民创造了丰富灿烂的非物质文化遗产,这些优秀的非物质文化遗产世代相承,集中了桐乡先辈的智慧,见证了桐乡的历史文化变迁,凸显出极具代表性的桐乡蚕乡风情和水乡特色。正如该市非物质文化遗产保护专家徐春雷所说:"罗家角先民,操石器创稻作文明;濮氏家族,执木杼兴丝绸之业;张杨园,重实践谱农耕经典;吕希周,为民利建水利之功。"桐乡蚕桑生产习俗、桐乡茶馆习俗等无不具有桐乡人文的独特性,并带着桐乡先民传统生活方式的印迹;蓝印花布印染工艺、濮绸丝织技艺等一大批手工技艺项目充分体现了桐乡先民杰出超凡的智慧;桐乡三跳、桐乡蚕歌等拖曳的唱腔与悠扬的曲调吟唱着桐乡人们的心声。

面对如此丰富的非物质文化遗产资源,桐乡蚕桑习俗入选人类非物质文化遗产代表作名录的背后,正是桐乡非物质文化遗产保护工作者孜孜不倦辛勤付出的最好印证。

非物质文化遗产保护使命光荣,责任重大。在全体非物质文化遗产保护工作者的努力下,目前桐乡已有1个人类非物质文化遗产项目(桐乡蚕桑习俗)、2个国家级非物质文化遗产项目(轧蚕花、高杆船技)、13个省级非物质文化遗产项目、43个嘉兴市级非物质文化遗产项目、89个桐乡市(县)级非物质文化遗产项目。

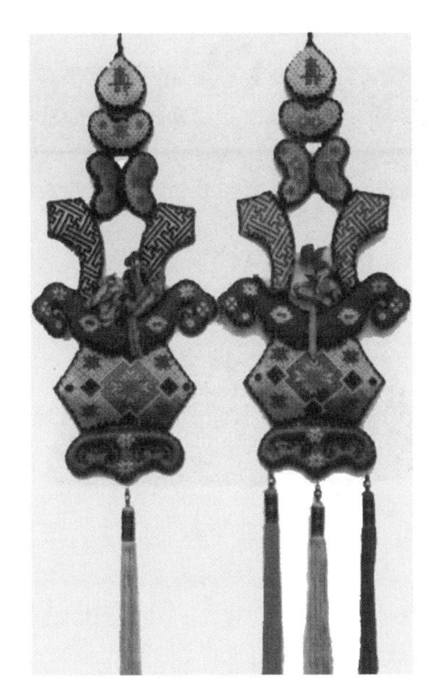

图 32　濮绸造型作品(清)

“桑柘绿荫肥，千树翳夕霏。机声交轧轧，灯火竞辉辉。”这是对浙江嘉兴桐乡绵延数千年“栽桑养蚕织丝”历史的真实写照。浙江省桐乡市是全国知名的蚕桑之乡，长期以来，蚕桑习俗已经融入了桐乡百姓的生活，一些由蚕而起、因蚕而庆、为蚕而狂的传统习俗一直保留至今。2009 年 9 月 30 日，拥有 5000 多年历史的桐乡蚕桑习俗作为“中国传统蚕桑丝织技艺”的一个子项目成功入选人类非物质文化遗产代表作名录。

图 33　濮绸紫袄(清)

在面貌一新的桐乡市非物质文化遗产陈列馆里，一个个曾经发生、发展并延续至今的“桐乡故事”，通过图文并茂、虚实相间的展览，向观众叙说着桐乡人民千百年来的情感累积与文化积淀：翠绿的桑枝在晨风中摇曳，嘹亮的蚕歌响彻耳边；在含山蚕花“轧发轧发”的节奏里，是“蚕花廿四分”的祈愿；丰同裕硕大的染缸里，浸满了蓝印花布的色彩；福严寺敲响了绵延 1500 年的钟声，庇护着古往今来的万千生命……48 个非物质文化遗产项目、300 余件非物质文化遗产实物，一串串鲜活生动的“桐乡故事”，吟唱着桐乡的昨天、今天与明天。

秉承“接触‘非遗’、了解‘非遗’、热爱‘非遗’、弘扬‘非遗’、传承‘非遗’”的初衷，每年“文化遗产日”，桐乡市都会举办一系列动静结合，集展示、展演、互动于一体的非物质文化遗产宣传活动：桐乡竹刻、书刻、剪纸、麦秆画、蛋画等非物质文化遗产项目的代表性传承人会登场献艺；桐乡市非物质文化遗产保护成果系列宣传展板将列入各级名录的非物质文化遗产项目及普查成果一一罗列开来，与桐乡市非物质文化遗产保护宣传片交相呼应；乌镇姑嫂饼制作、裹粽子、滚铁圈、抖空竹、踩高跷等多个非物质文化遗产项目的现场体验趣味横生。

近年来，在桐乡市委市政府的高度重视和市文化广电新闻出版局的直接领导下，桐乡非物质文化遗产保护乘“文化名市”创建的东风，以非物质文化遗产普查为起点，依托自身丰富的非物质文化遗产资源优势和独树一帜的蚕乡、水乡特色文化，通过制定非物质文化遗产保护规划、注重非物质文化遗产名录申报、建设非物质文化遗产展示场馆、打造非物质文化遗产经典景区、促进优秀非物质文化遗产项目交流、举办“文化遗产日”活动、编辑非物质文化遗产丛书等一系列工作，在非物质文化遗产保护、传承和发展上取得了可喜成绩，成为浙江省非物质文化遗产保护工作的典型样本。

第三节　从战略高度擦亮濮绸“金名片”

一、濮绸申遗的重大意义

非物质文化遗产是人类文明的宝贵记忆，是民族精神文化的显著标识，也是人民群众非凡创造力的重要结晶。非物质文化遗产蕴含着一个民族特有的精神价值、思维方式、想象力，体现着中华民族的生命力和创造力，是民族智慧的结晶，也是人类文明的瑰宝。世界遗产的多少，衡量着一个地方文化的软实力。我们在惊叹老祖宗留下的文化遗产之博大精深的同时，更应该感受到我们肩上所担负的使命和责任。非物质文化遗产不同于皇家经典、宫廷器物，也有别于古迹遗存、历史文献，它以非物质的状态存在，源自人民的生活和创造，在漫长的历史进程中传承流变，根植于市井田间，融入百姓起居，是它的显著特点。因而非物质文化遗产是生活的文化、百姓的文化、世俗的文化。正是这种渗透到人民群众血液里的文化，成为中华传统文化的根脉和源泉，成为中华儿女的心灵归宿和精神家园。

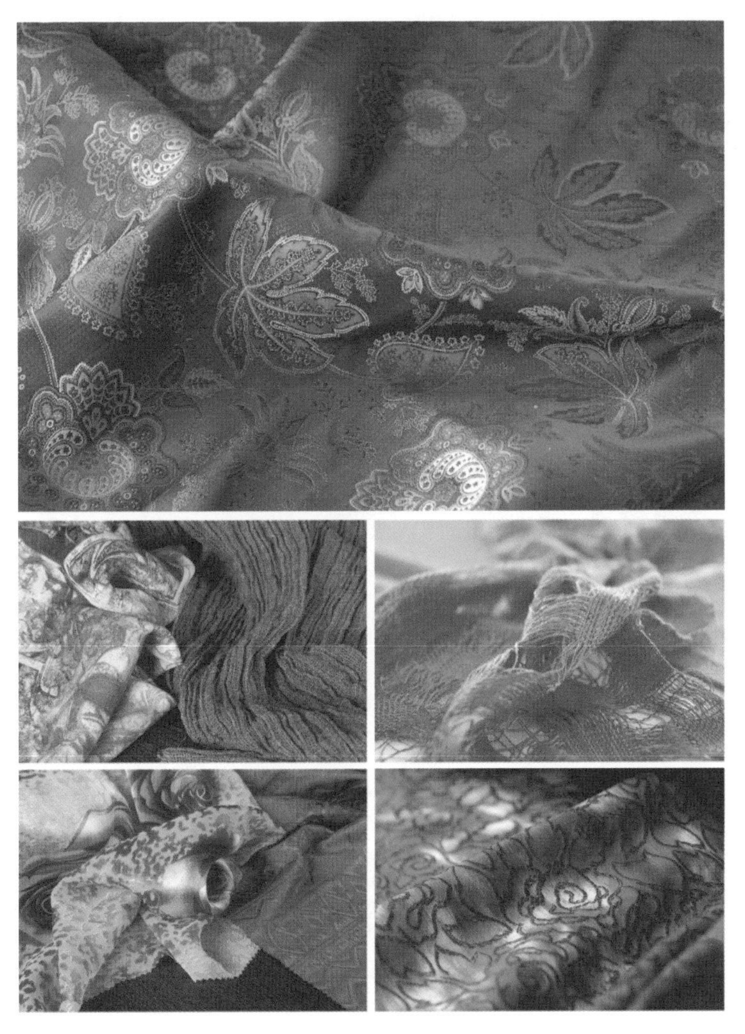

图 34　绚丽多彩的绸缎产品

浙江作为华夏文明的发祥地之一，人杰地灵、人文荟萃，创造了悠久璀璨的历史文化，既有珍贵的物质文化遗产，也有同样值得珍惜的非物质文化遗产，而且博大精深、丰富多彩、形式多样、蔚为壮观，千百年来薪火相传、生生不息。21世纪以来，浙江省的非物质文化遗产挖掘和保护，取得了丰硕的成果。其中，在国务院公布的国家级非物质文化遗产名录中，浙江省的国家级非物质文化遗产项目数名列各省区市第一。如今，越来越多的人认识到，虽然非物质文化遗产资源无比丰富，但在城市化、工业化、信息化的演进中，众多非物质文化遗产项目仍然面临岌岌可危的境地，抢救和保护的重任丝毫容不得懈怠，责任将驱使我们一路前行。包括濮绸在内的非物质文化遗产是桐乡源远流长的优秀历史文化积淀，是桐乡人民引以为豪的宝贵文化财富，彰显了桐乡地域文化、精神内涵和道德传统，在中华优秀历史文明中熠熠生辉。因此，濮绸应该是桐乡市经过千年洗礼的文化瑰宝。

二、濮绸申遗的顶层设计和愿景目标

申请国家级非物质文化遗产甚至世界级非物质文化遗产保护是加强濮绸非物质文化遗产保护的必由之路，也应该成为桐乡文化传承的愿景目标。

2012年2月，文化部印发的《关于加强非物质文化遗产生产性保护的指导意见》(以下简称《指导意见》)的相关内容对我国如何推进非物质文化遗产保护提出了科学、具体的实操举措。《指导意见》是地方政府抓好非物质文化遗产保护顶层设计的工作指南,应当贯彻实施。主要内容为:

(一)坚持正确导向。非物质文化遗产生产性保护是一种保护方式,出发点和落脚点都是非物质文化遗产的保护和传承。因此,应当坚持非物质文化遗产生产性保护的正确导向,严格遵循非物质文化遗产传承发展的规律,处理好保护传承和开发利用的关系,始终把保护放在首位,坚持在保护的基础上合理利用,尊重非物质文化遗产生产方式的多样性,坚持传统工艺流程的整体性和核心技艺的真实性,不能为追逐经济利益而忽视非物质文化遗产保护和传承,反对擅自改变非物质文化遗产的传统生产方式、传统工艺流程和核心技艺。

(二)合理规划布局。加强对非物质文化遗产生产性保护的调查研究与整体规划,编制促进非物质文化遗产生产性保护的行动计划,将非物质文化遗产生产性保护纳入本地区经济社会发展规划。重点培育一批国家级非物质文化遗产生产性保护示范基地,积极探索和总结非物质文化遗产生产性保护的做法和经验,充分发挥国家级非物质文化遗产示范基地的示范、带动作用。发掘东中西部地区各自优势，规划建设各具特色的非物质文化遗产生产性保护示范基地，彰显区域特色和民族特色。

（三）健全传承机制。要研究非物质文化遗产生产性保护的特点，建立健全符合非物质文化遗产自身规律的传承机制。制定非物质文化遗产生产性保护传承人培养计划，建立传承人培养激励机制，增强代表性传承人履行传承义务的责任感和荣誉感；为代表性传承人开展生产、授徒传艺、展示交流等活动创造条件，提供服务；对年老体弱的代表性传承人，抓紧开展抢救性记录工作，翔实记录代表性传承人掌握的精湛技艺和工艺流程；对传承工作有突出贡献的代表性传承人给予表彰、奖励；对学艺者采取助学、奖学等措施，鼓励其学习、掌握传统技艺；遵循非物质文化遗产项目生产方式的个性和特征，鼓励和支持代表性传承人设立个人工作室等。

（四）落实扶持措施。要统筹规划，加强天然原材料、珍稀原材料的保护，处理好天然原材料、珍稀原材料保护与利用的关系，依照相关法规制度为传承人使用天然原材料、珍稀原材料提供帮助和支持；鼓励和支持传承人在传承传统技艺、坚守传统工艺流程和核心技艺的基础上对技艺有所创新和发展；鼓励和支持传承人在制作传统题材作品的同时创作适应当代社会需求的作品，推动传统产品功能转型和审美价值提升;支持和帮助代表性传承人开展产品宣传,利用报刊、电视、网络等媒体宣传非物质文化遗产代表性项目及其产品的文化内涵和审美价值;积极为代表性传承人提供技艺展示、产品销售的渠道和平台。

(五)加强引导规范。深入开展调查研究,掌握本地区适合生产性保护的非物质文化遗产代表性项目生存发展状况,根据不同状况采取相应的引导、规范措施。对适合生产性保护但处于濒危状态、传承困难的代表性项目,要优先抢救与扶持,记录、保存相关资料,尽快扶持恢复生产,传承技艺,督促开展相关工作;对有市场潜力的代表性项目,鼓励采取"项目+传承人+基地""传承人+协会""公司+农户"等模式,结合发展文化旅游、民俗节庆活动等开展生产性保护,促进其良性发展;对开展生产性保护效益较好的代表性项目,要引导传承人坚持用天然原材料生产,保持传统工艺流程的整体性和核心技艺的真实性,促进该项遗产的有序传承;对开展生产性保护取得显著成绩的代表性项目,要及时总结,推广经验;对忽视技艺保护和传承或者过度开发、破坏传统工艺流程和核心技艺的,要及时纠正偏差,落实整改措施,加强管理和规范。

(六)建设基础设施。要充分发挥政府职能,合理布局，有计划地建设一批非物质文化遗产生产性保护基础设施，为代表性传承人提供必要的生产、展示和传习场所。鼓励开展非物质文化遗产生产性保护的企业、单位和个人根据自身条件建设非物质文化遗产展示馆（室）和传习所，鼓励社会力量参与非物质文化遗产生产性保护设施建设。充分发挥已有设施的作用，积极开展宣传、展示、传习等活动，有计划地征集非物质文化遗产项目代表性传承人的代表作品，妥善保存和科学展陈传统工艺精品、传承人代表性作品。

（七）发挥协会作用。要充分发挥传统工艺美术等已有行业协会的积极作用，鼓励成立非物质文化遗产相关行业协会，支持协会开展非物质文化遗产的宣传、展示、教育、传播、研究、出版等活动，鼓励协会制定有关非物质文化遗产代表性项目在原材料、传统工艺流程和核心技艺方面的相关标准和规范，支持协会开展行业管理、行业服务、行业维权等工作，通过行业自律和行业监管，推动非物质文化遗产生产性保护健康发展。

（八）营造良好氛围。非物质文化遗产生产性保护与人民群众的生产生活密切相关，许多非物质文化遗产项目具有鲜明的地域特色、民族特色，依存于传统民俗节庆活动之中。要鼓励开展各种健康有益的民俗文化活动，尊重和支持民众在民俗文化活动中开展非物质文化遗产生产性保护实践；充分利用“文化遗产日”和传统民俗节庆，开展非物质文化遗产生产性保护宣传展示活动，营造非物质文化遗产生产性保护的良好社会氛围。

三、坚持以政府为主导，推进濮绸申遗保护

丝绸本身就是一种文化艺术品，丝绸的生产技艺业已被纳入非物质文化遗产之列。自2003年《保护非物质文化遗产公约》在联合国教科文组织（UNESCO）第32届大会上通过，特别是于2006年4月生效以来，人们对非物质文化遗产越来越重视，大量传统的丝绸生产技艺得以列入联合国教科文组织设置的人类非物质文化遗产代表作名录之中。清水丝绵蚕丝被、南京的云锦、苏州的宋锦、成都的蜀锦等都被列入了国家级非物质文化遗产名录，与丝绸相关的各种刺绣如苏绣、湘绣、蜀绣、粤绣、顾绣等传统工艺在非物质文化遗产项目中引起了全社会极大的重视。

对于当地政府来说，它们承担着濮绸非物质文化遗产的保护重任。濮绸已经入选省级非物质文化遗产。因此，要对于已入选的项目，按照《保护非物质文化遗产公约》及文化部、省级《指导意见》的要求，认真履行申报时

的承诺，依据保护规划，积极采取政策法规扶持，加大经费投入力度，资助传承人开展传习活动，开展生产性保护。建立资料档案及数据库，建立专题博物馆及传习所，鼓励出版、举办展示活动的措施，并调动项目所在地、保护单位的积极性，调动社会力量，共同参与保护和传承工作。世界遗产的保护，非物质文化遗产的保护，重在唤起全社会的文化自觉。下一步，建议成立桐乡市政府及相关部门组织的濮绸传承保护工作领导机构，机构的主要职能为：(1)加强政府对濮绸历史文化挖掘、生产性保护的价值引导、政策引导和舆论引导，组织开展非物质文化遗产生产性保护知识和成果宣传，充分利用国家现有的优惠政策，适时出台桐乡市的优惠政策举措，扶持非物质文化遗产生产性保护，为濮绸的非物质文化遗产生产性保护营造环境、创设条件和提供服务。(2)研究制定濮绸非物质文化遗产生产性保护的相关管理办法，建立绩效评估机制，对成绩突出的单位或个人予以奖励。(3)鼓励专家、学者结合非物质文化遗产生产性保护工作实际，开展理论研究和实践研究，充分发挥专家、学者的指导、咨询和参谋作用，为非物质文化遗产生产性保护提供学术支持和实践指导。同时，要全社会参与，寻找和挖掘民间艺人通过回忆生产技艺、捐赠濮绸文物、织造情景重现，恢复古代濮绸生产的现代版图景。

四、坚持以企业为主体，搭建专业化运作平台

要使濮绸的生产从传统产业转变为经典产业、时尚产业，从古代文化转变为现实需求，从非物质文化遗产转变为有形的物质文化产品，从文字、图片转变为栩栩如生的濮绸实物，必须要有企业主体来搭建专业化、项目化、市场化的运作平台。

1. 非物质文化遗产保护、传承的鲜活成功案例

在丝绸非物质文化遗产的企业化、专业化保护和传承方面，有很多成功的案例。比如："杭罗"产自杭州，是我国丝绸中的代表产品。"杭罗"用的原料是纯桑蚕丝，为纯手工织造。2009 年，"杭罗手工织造技艺"被列为世界级非物质文化遗产，成为真正的国宝。杭州福兴丝绸厂董事长邵官兴也成了非物质文化遗产传承人。他 10 岁就跟着母亲摇纡、翻丝。17 岁掌握了沙盘牵经、织布以及修机、装造机器等全部复杂的工艺。1984 年他倾注全部心血，搜罗、保留了目前仅存的 8 台木制传统织机，扩展了自己家的小作坊，创办了福兴丝绸厂，从摇纡、翻丝到穿梭、织布，沿用着传统的织布方式生产"杭罗"。大约从 20 世纪 90 年代初起，国内唯一使用传统工艺生产

“杭罗”的厂家，只剩下福兴丝绸厂一家。他传承了祖祖辈辈留下的千年手艺。邵官兴在厂房里办起杭罗文化园，每个来参观的人，都有机会亲自织造一段美丽的“杭罗”。美国、英国、意大利等国的顾客慕名而来，北京“瑞蚨祥”、苏州“乾泰祥”这些著名老字号也都来订购“杭罗”。邵官兴还将扩建杭罗文化园，展示从栽桑养蚕到结茧缫丝，再到摇纡织罗的整个过程，让“杭罗”的传承梦想播撒得更远。

2.濮绸重生是一项系统工程

濮绸的生产，需要有一个完整的蚕茧、丝绸产业链支撑，需要非物质与物质、传统文化与时尚艺术、产品创新与营销策划相结合。一是要注重茧丝原料。应该加大对不同蚕丝纤维的利用和开发。茧丝原料是生产的基础，近百年来的蚕丝原料生产，技术上日益进步，标准日趋完善，多元化、时尚化的茧丝原料，可以使濮绸产品呈现更好的效果。二是要讲究文化艺术。应该加大对艺术设计的投入。5000年的丝绸文化，产生了珍贵的丝绸技艺和无数美丽的设计元素，无论是中国传统的丝绸图案，还是欧洲甚至是亚太地区的丝绸设计，均有其文化的多样性。因此，濮绸要以优秀的技艺为载体，加入时尚的设计，使丝绸成为时尚界必不可少的元素，从而开辟更为广阔的国内外市场。三是要众星捧月，成就濮绸技艺的传承民间艺人。在非物质文化遗产保护中，人是第一要素，要加大对丝绸技艺传承人的培养和保护。

3.注重创新才能超越传统

古代的民间丝织生产以家庭为主，已经不符合现代化、集约化、专业化生产的新形势需要。在全球化、信息化、数字化的当下，依然有不少丝绸企业、组织和个人采取多种方式，开始了解并保护代表中国传统技艺、濒临失传的丝绸与丝绸技艺。尤其是开始采用先进的技术设备，对传统的技艺进行创新和发展，通过现代手段生产出一些优异的丝织产品。因此，必须以企业为主体，鼓励企业和社会组织积极参与非物质文化遗产生产性保护。通过地方政府在基地建设、财政税收、专家指导、扩大宣传等方面的鼓励支持政策，促进企业潜心组织濮绸设备改造、工艺革新、新品开发和产品生产，搭建濮绸生产、开发、营销的专业化平台。

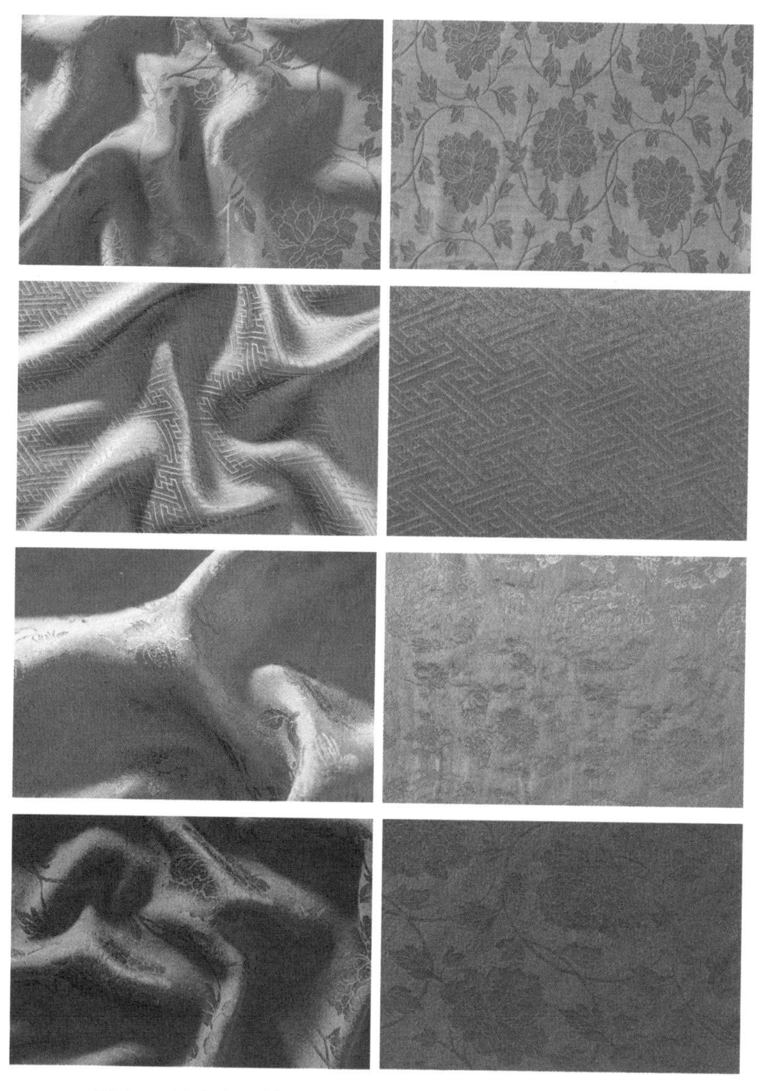

图 35　桐乡市万锦堂丝绸科技公司研究复原的濮绸产品

五、坚持全民参与，全方位唤起濮绸申遗的行动自觉

创新思维，扩大濮绸＋蚕农、濮绸＋旅游、濮绸＋宣传、濮绸＋互联网效应。把濮绸放到一种工艺、一种文化、一种艺术的地位，将濮绸的非物质文化遗产保护延伸到民间艺人、文化馆、博物馆、观光点、旅游点，从物质到非物质、从传统到时尚、从国内到国外、从复原到创新，将桐乡的非物质文化遗产连接成一个体系，带动全社会形成一种关心濮绸、保护濮绸、传承濮绸的磅礴力量。同时，以互联网的现代信息技术手段，扩大在全球范围内的策划宣传，拓宽营销渠道，弘扬濮绸文化，擦亮桐乡濮绸“金名片”。

附　录

[清]焦秉贞绘《康熙御制耕织图诗》

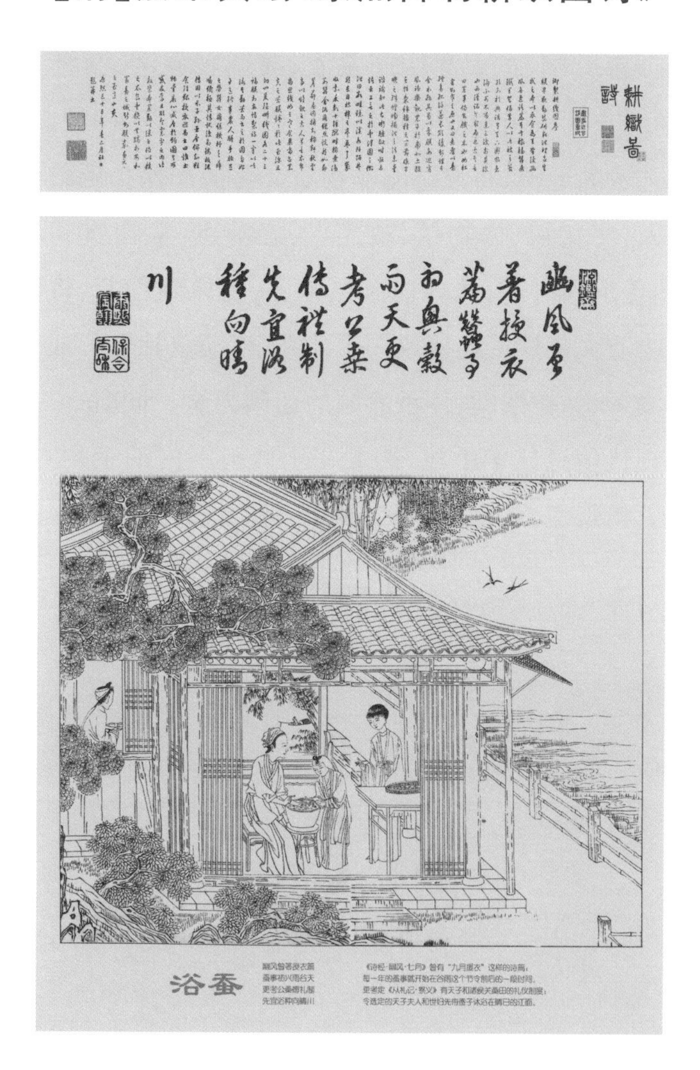

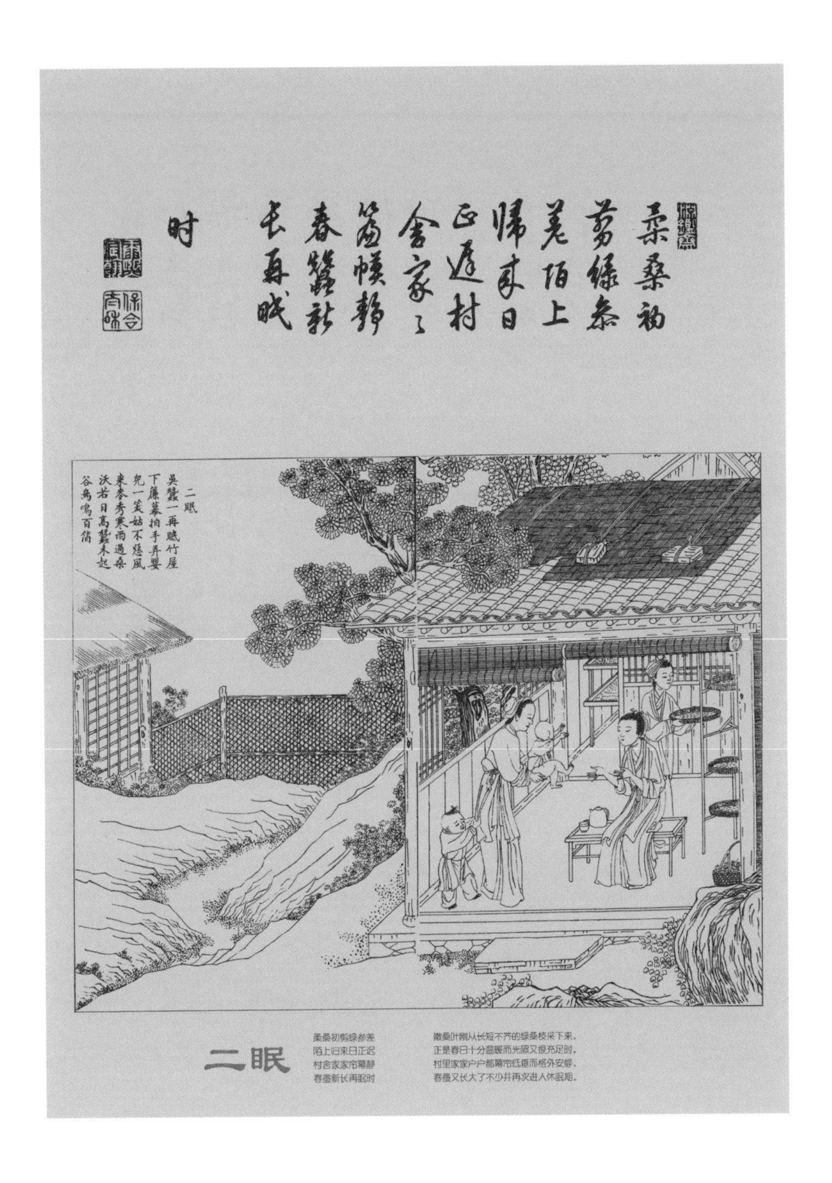

二眠

柔桑初翦绿参差
陌上归来日正迟
村舍家家帘幕静
春蚕新长再眠时

嫩桑叶刚从长短不齐的绿桑枝采下来，
正是春日十分温暖而光照又很充足时。
村里家家户户都幕帘低垂而格外安静，
春蚕又长大了不少并再次进入休眠期。

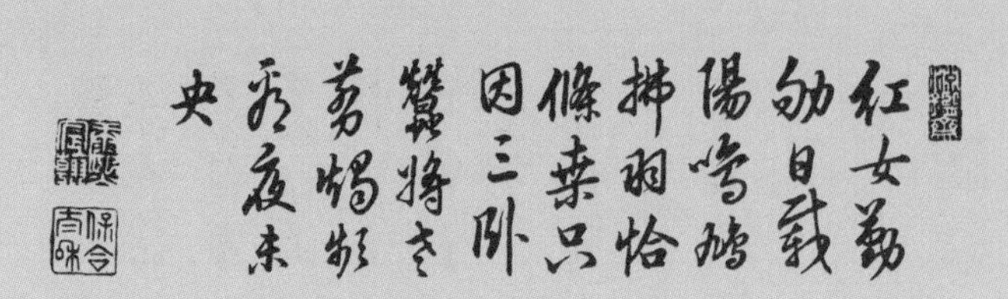

三眠

红女勤劬日载阳
鸣鸠拂羽恰条桑
只因三卧蚕将老
剪烛频看夜未央

辛勤劳累的养蚕妇女天天都要头顶骄阳去采桑；
当斑鸠鸟拂拭它的羽毛时，正是采桑的好时光。
只因为蚕在第三次趴着不动时，它也就快老了；
深更半夜几次起来剪亮蜡烛观察它的变化情况。

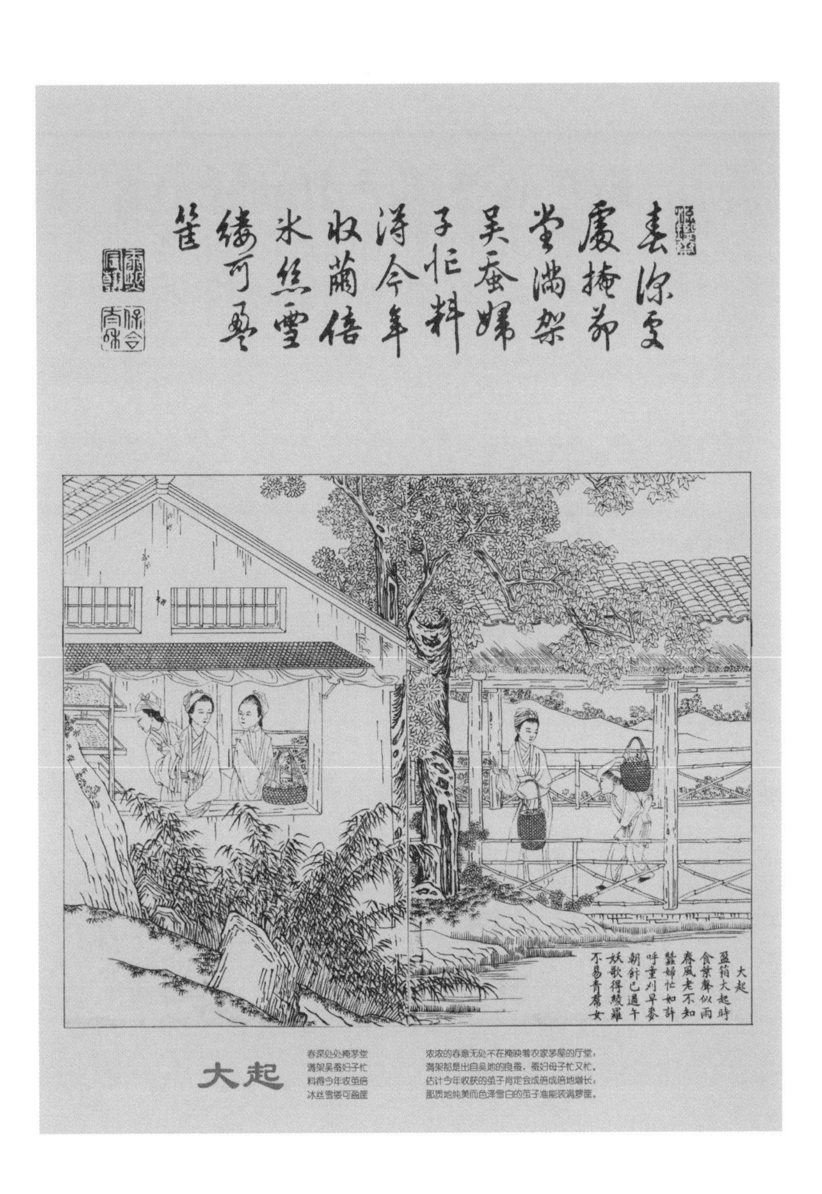
春深處處掩茅堂滿架吳蠶婦子忙料得今年收繭倍冰絲雪繭可盈筐
大起
盈箔大起時
食葉聲似雨
春風老不知
蠶婦忙如許
呼童刈早麥
朝餉已過午
妖歌得綾羅
不易青帬女
大起
春深处处掩茅堂
满架吴蚕妇子忙
料得今年收茧倍
冰丝雪茧可盈筐
浓浓的春意无处不在掩映着农家茅屋的厅堂，
满架都是出自吴地的良蚕，蚕妇母子忙又忙。
估计今年收获的茧子肯定会成倍成倍地增长，
那质地纯美而色泽雪白的茧子准能装满箩筐。

连宵食叶正纷纷
风雨声喧隔户闻
喜见新蚕莹似玉
灯前检点最辛勤

捉绩

连宵食叶正纷纷
风雨声喧隔户闻
喜见新蚕莹似玉
灯前检点最辛勤

蚕宝宝吃桑叶是通宵达旦地吃，乱乱纷纷；
那响声儿就像风雨声，隔着门就听个真真。
可喜的是看到新蚕的体态晶莹润泽就像玉；
灯前检点它们的各种情况，那可是最辛勤。

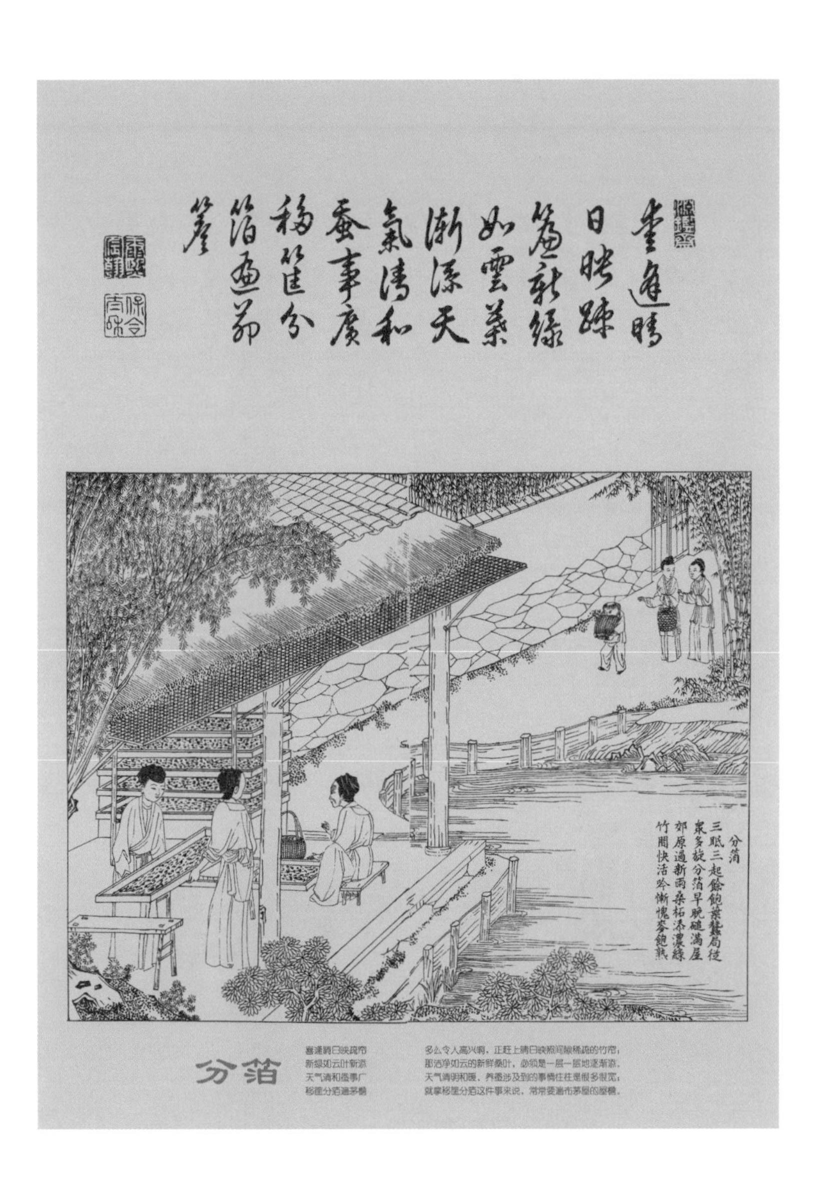
喜逢晴日映疏簾
新綠如雲葉漸添
天氣清和蠶事廣
移筐分箔遍茅簷
分箔
三眠三起餘飽葉蠶局促
衆多旋分箔早晚碾滿屋
郊原過新雨桑柘添濃綠
竹間快活吟慚愧麥飽熟
分箔
喜逢晴日映疏帘
新绿如云叶渐添
天气清和蚕事广
移筐分箔遍茅檐
多么令人高兴啊，正赶上晴日映照间隙稀疏的竹帘，
那洁净如云的新鲜桑叶，必须是一层一层地逐渐添，
天气清明和暖，养蚕涉及到的事情往往是很多很宽；
就拿移筐分箔这件事来说，常常要遍布茅屋的屋檐。

桑田雨足葉蕃滋恰是春蠶大起時負筥攜筐紛笑語戴鵟飛上最高枝

采桑

桑田雨足叶蕃滋
恰是春蚕大起时
负莒携筐纷笑语
戴鵟飞上最高枝

今年的桑田因为雨水充足，桑叶又茂密又滋润；
恰好是春蚕发育成长最快而变化也最大的时日。
纷纷背负携带或圆或方的竹筐又说又笑去采桑；
那戴胜鸟由于受到惊吓而飞上那最高的桑树枝。

上蔟

频执织筐不厌疲
久忘膏沐与调饥
今朝士女欢颜色
看我冰蚕作茧时

频繁地拿着竹筐去拣蚕茧，从来不怕疲倦；
好久忘记梳洗打扮，甚至还常常忘记早餐。
今天无论是男是女，脸上都露出了欢快笑容；
来瞧看我的良蚕品种之一的冰蚕怎么作茧。

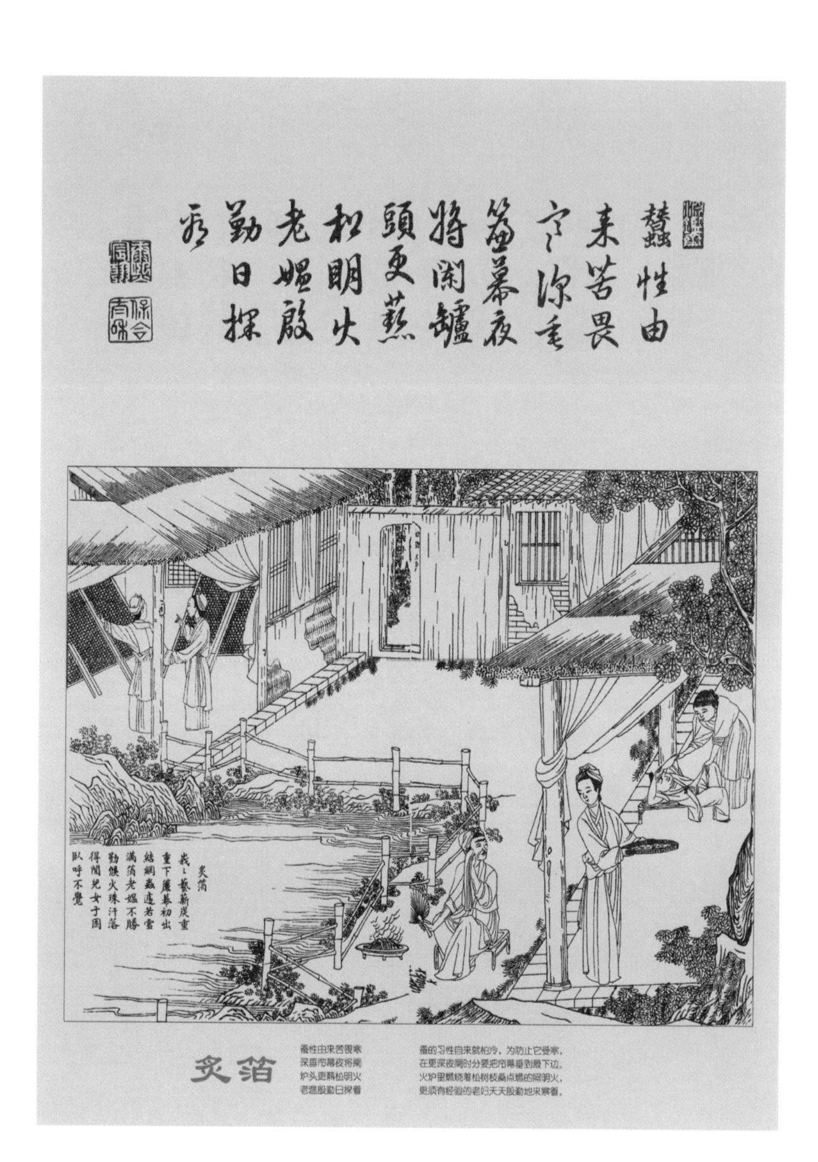
炙箔
蚕性由来苦畏寒
深垂帘幕夜将阑
炉头更爇松明火
老媪殷勤日探看
蚕的习性自来就怕冷，为防止它受寒，
在更深夜阑时分要把帘幕垂到殿下边。
火炉里燃烧着松树枝桑点燃的照明火，
更须有经验的老妇天天殷勤地来察看。

下簇

自昔蚕缫重妇功
曾闻献茧在深宫
披图喜见累累满
茅屋清光积雪同

自古以来缫丝就很重视妇女的劳动和作用，还曾经听说过在深宫有献茧这种礼仪活动。展开图画，高兴地看到蚕茧累累堆得很满；茅屋中一派清光，就像积雪那么亮晶鲜明。

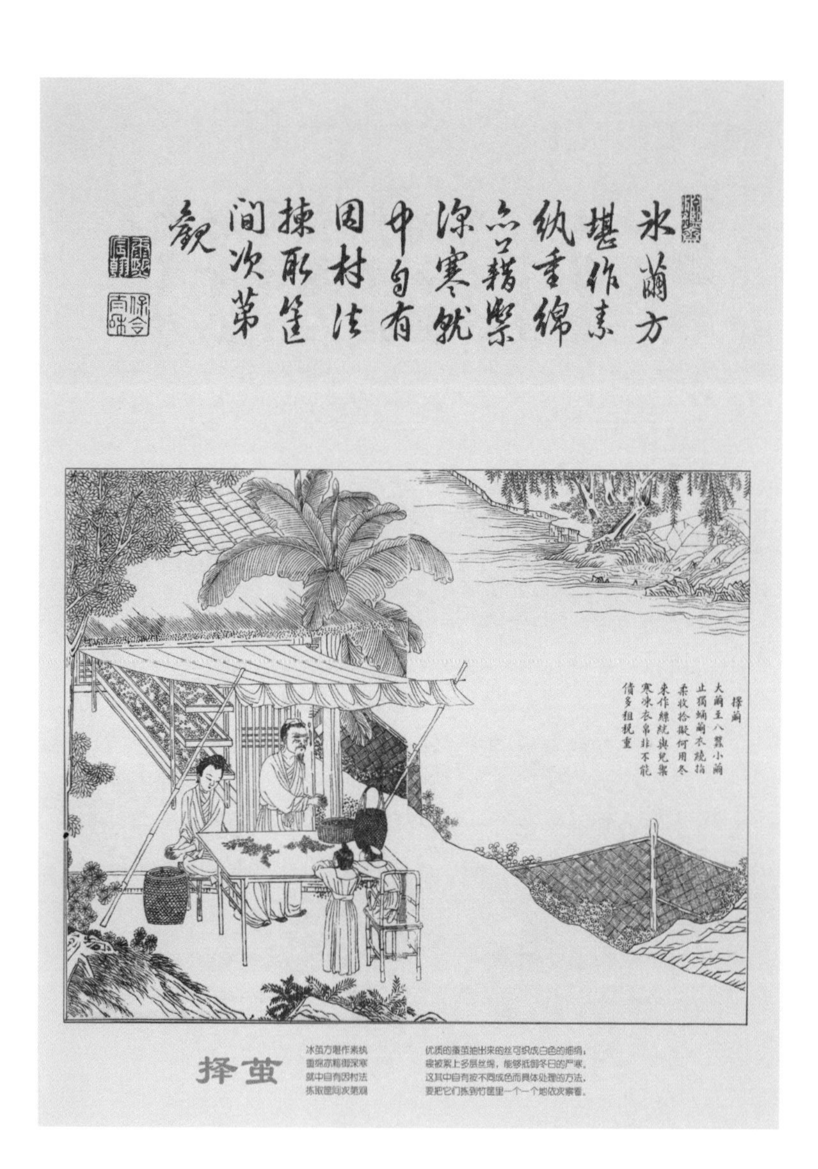

择茧

冰茧方堪作素纨
重绵亦藉御深寒
就中自有因材法
拣取筐间次第观

优质的蚕茧抽出来的丝可织成白色的细绢，蚕被絮上多层丝绵，能够抵御冬日的严寒。这其中自有按不同成色而具体处理的方法，要把它们拣到竹筐里一个一个地依次察看。

一年蠶事已成功歷數從前屬女紅聞說及時還窨繭荷鋤又向綠陰中
窨繭
盤中水精鹽井上梧桐葉
陶器固封泥窨繭過句泱
門前春水生布穀催春鋤
明朝踏繰車〻輪繰白氍
窨茧
一年蚕事已成功
历数从前属女红
闻说及时还窨茧
荷锄又向绿阴中
辛辛苦苦忙活一年的蚕事总算大功告成，
数起此前的事来，最值得一提的是女红，
听说还须及时地把收获的蚕茧窨藏起来，
你看，蚕农背起锄头去挖窖到绿荫丛中。

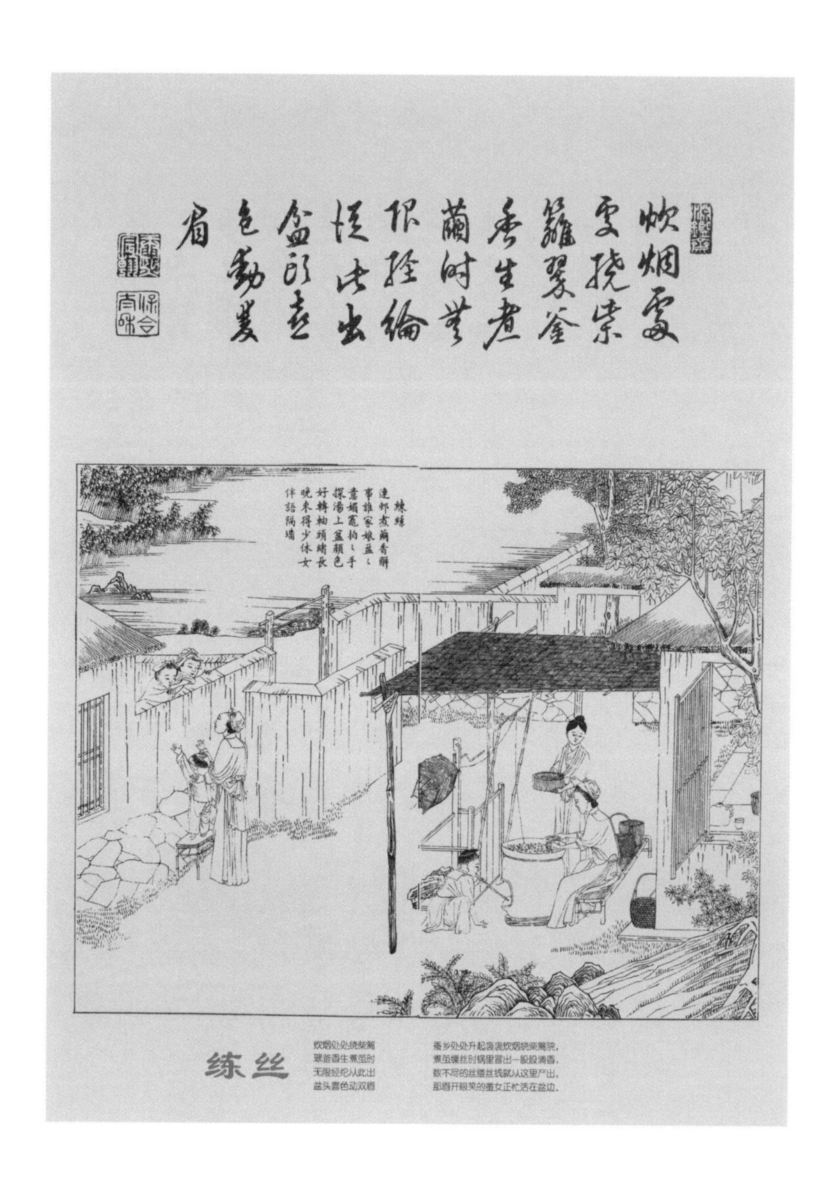
练丝
炊烟处处绕柴篱
翠釜香生煮茧时
无限经纶从此出
盆头喜色动双眉
蚕乡处处升起袅袅炊烟绕柴篱院，
煮茧缫丝时锅里冒出一股股清香，
数不尽的丝缕丝线就从这里产出，
那眉开眼笑的蚕女正忙活在盆边。

蛾兒布
子如金
粟水際
分飛任
所之莫
令蠶絲
遺利盡
來年留
作授衣
資
蠶蛾
蛾初脫繭縛如蝶栩栩然得
偶粉翅光散子金粟圓歲月
判悠悠種嗣期綿綿送蛾臨
遠水蚕歸祝明年
蚕蛾
蛾儿布子如金粟
水际分飞任所之
莫令蚕丝遗利尽
来年留作授衣资
蚕蛾产出来的卵一粒粒就像金黄色的桂花蕊，
它们产卵后就会飞到水上，任凭东西南北飞。
不要把从卖蚕茧得到的盈利通通都花光用尽，
还得留下为来年缝制御寒衣物所需要的花费。

勞勞拜蔟祭神桑喜得絲成願已償自是西陵功德滿萬年衣被澤無疆

祀谢

劳劳拜蔟祭神桑
喜得丝成愿已偿
自是西陵功德满
万年衣被泽无疆

不辞劳苦地反复跪拜蚕蔟借以祭祀神桑，
庆幸的是缫丝成功结束，从而如愿以偿。
从此西陵嫘祖留给后人的功德得以圆满，
定让施惠民众衣被的恩泽千年万载不忘。

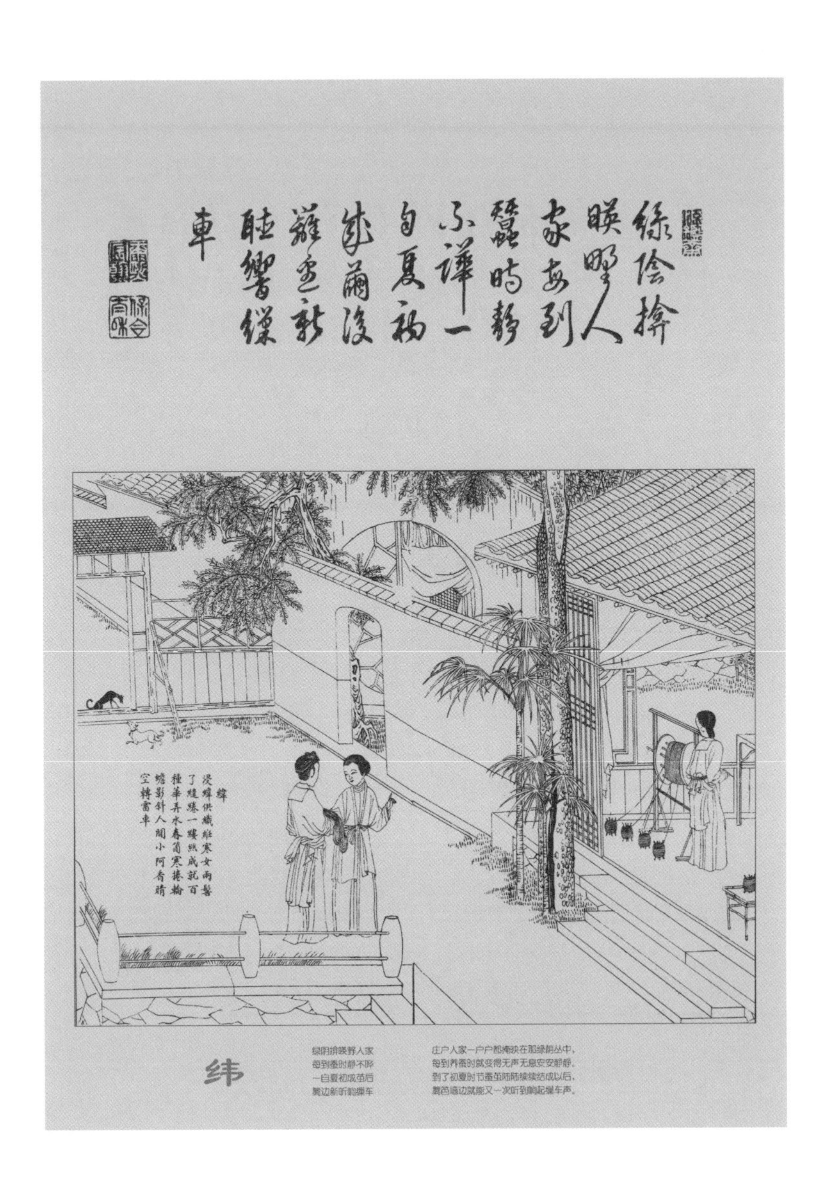
綠陰掩映野人家
每到蠶時靜不譁
一自夏初成繭後
籬邊新聽響繅車
纬
绿阴掩映野人家
每到蚕时静不哗
一自夏初成茧后
篱边新听响缫车
庄户人家一户户都掩映在那绿荫丛中，
每到养蚕时就变得无声无息安安静静，
到了初夏时节蚕茧陆陆续续结成以后，
篱笆墙边就能又一次听到响起缫车声。

织
从来蚕绩女功多
当念勤劳惜绮罗
织妇丝丝经手作
夜寒犹自未停梭
从来在养蚕和纺绩的事情上，妇女的功劳最多，
要感念她们的辛勤劳动，珍惜所穿所用的绮罗，
每一根丝，都要经过从事蚕织劳动的妇女之手，
已更深夜寒，可她们还是没有停下手中的织梭。

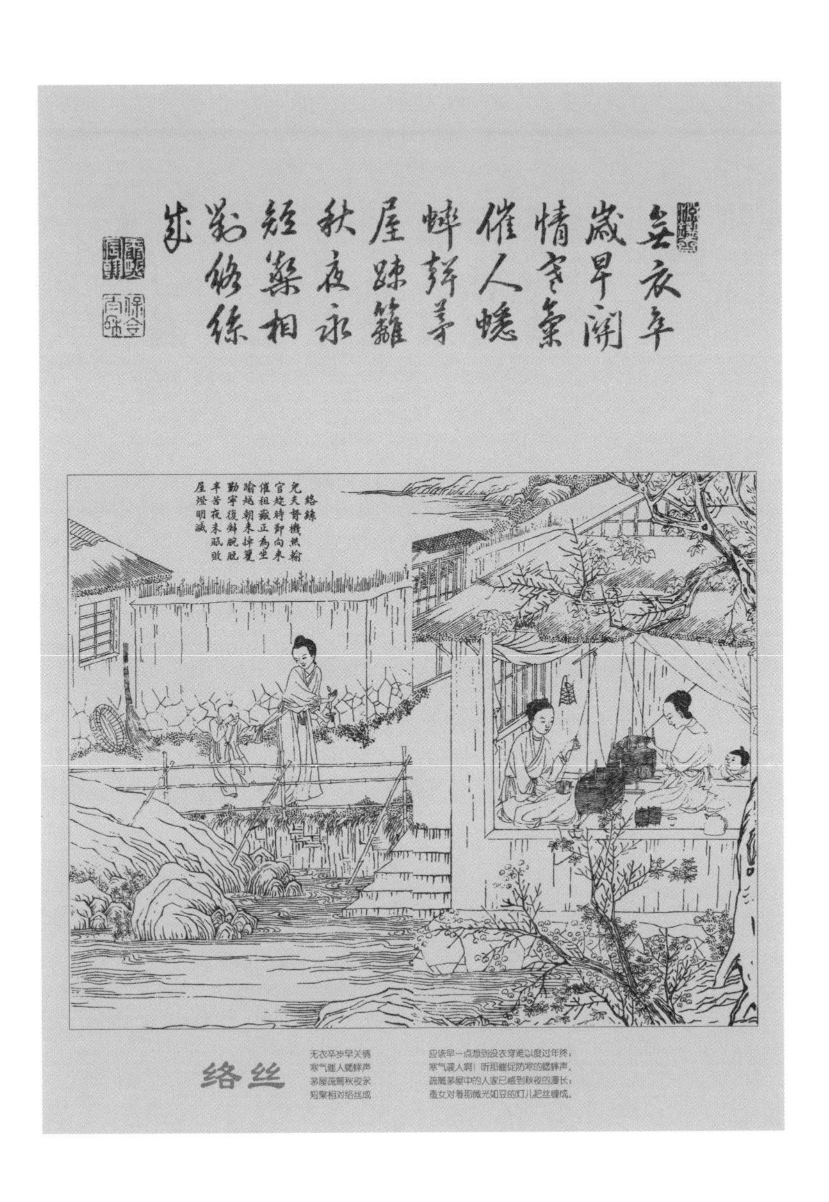
络丝
无衣卒岁早关情
寒气催人蟋蟀声
茅屋疏篱秋夜永
短檠相对络丝成
应该早一点想到没衣穿难以度过年终；
寒气袭人啊！听那催促防寒的蟋蟀声。
疏篱茅屋中的人家已感到秋夜的漫长；
蚕女对着那微光如豆的灯儿把丝缠成。

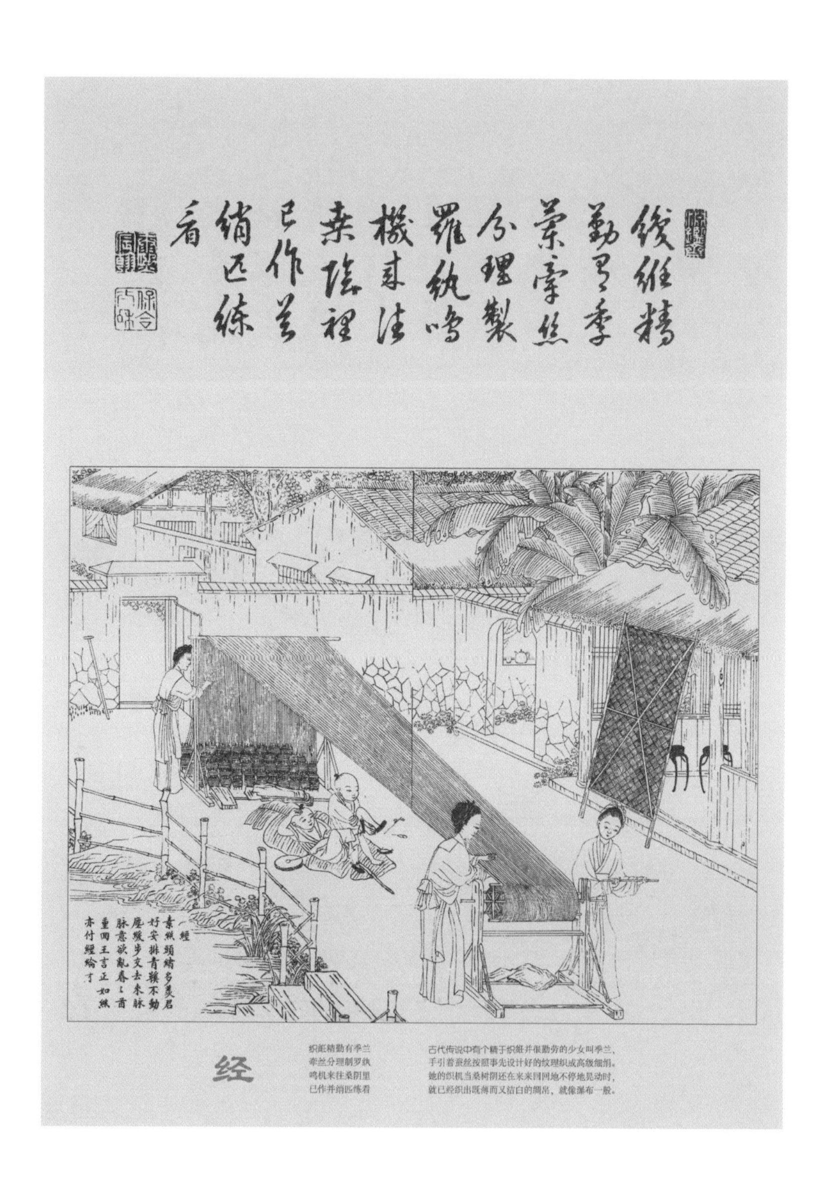

经

织纴精勤有季兰
牵丝分理制罗纨
鸣机来往桑阴里
已作并绡匹练看

古代传说中有个精于织纴并很勤劳的少女叫季兰，手引着蚕丝按照事先设计好的纹理织成高级细绢。她的织机当桑树阴还在来来回回地不停地晃动时，就已经织出既薄而又洁白的绸帛，就像瀑布一般。

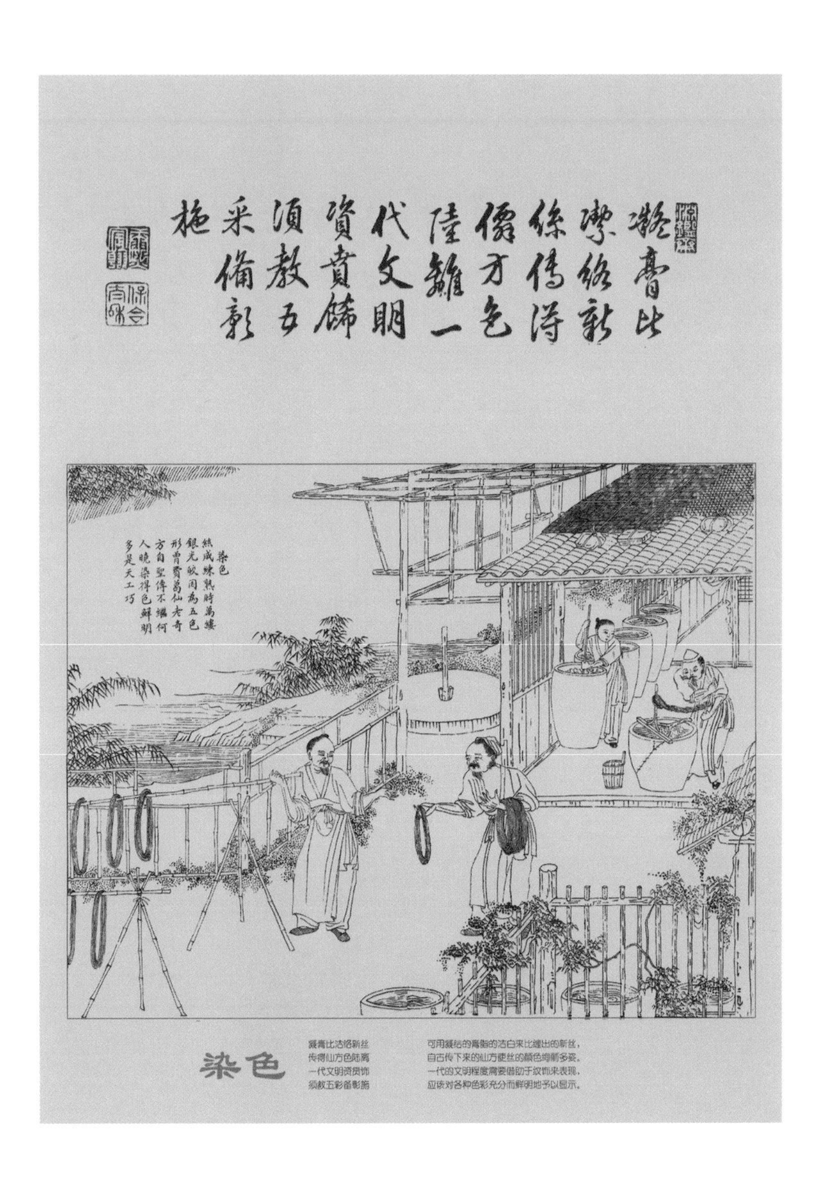

染色

凝膏比洁绎新丝
传得仙方色陆离
一代文明资贲饰
须教五彩备彰施

可用凝结的膏脂的洁白来比缫出的新丝，自古传下来的仙方使丝的颜色绚丽多姿。一代的文明程度需要借助于纹饰来表现，应该对各种色彩充分而鲜明地予以显示。

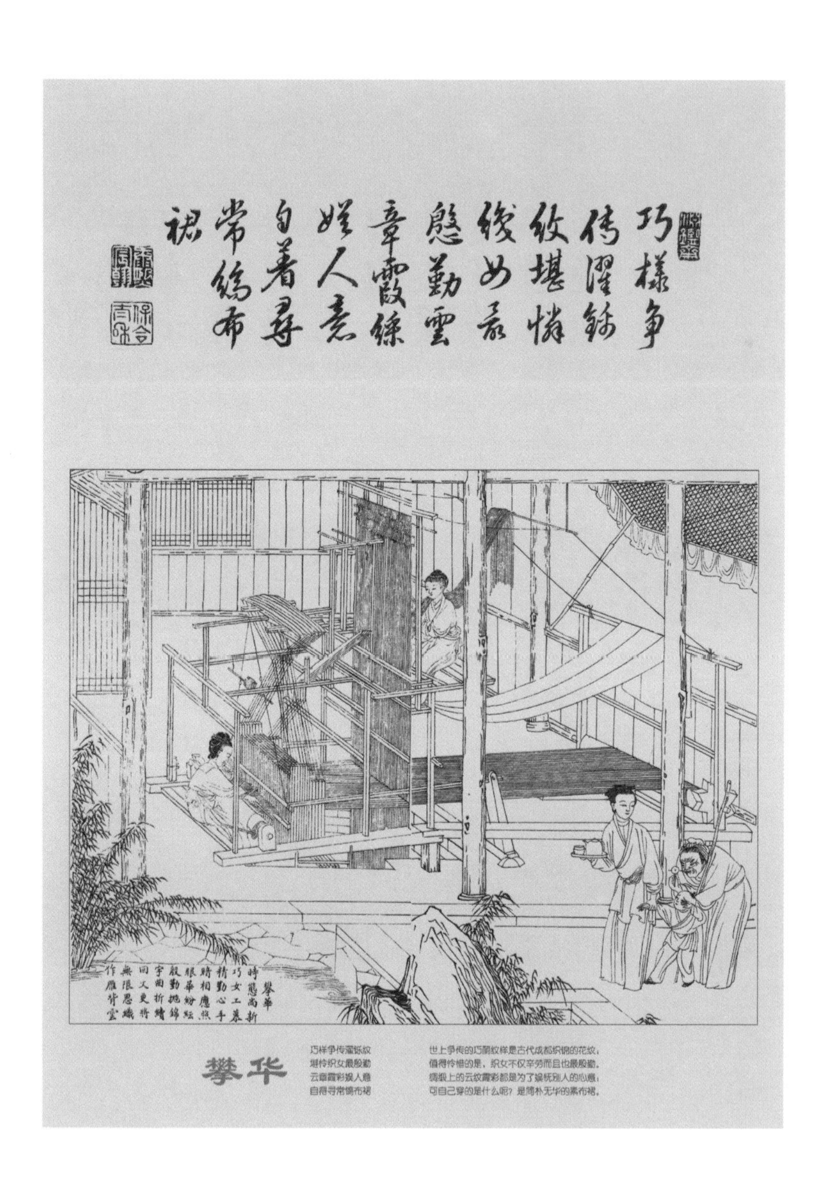
攀华
巧样争传濯锦纹
堪怜织女最殷勤
云章霞彩娱人意
自得寻常缟布裙
世上争传的巧丽纹样是古代成都织锦的花纹，
值得怜惜的是，织女不仅辛劳而且也最殷勤。
绸缎上的云纹霞彩都是为了娱抚别人的心意，
可自己穿的是什么呢？是简朴无华的素布裙。

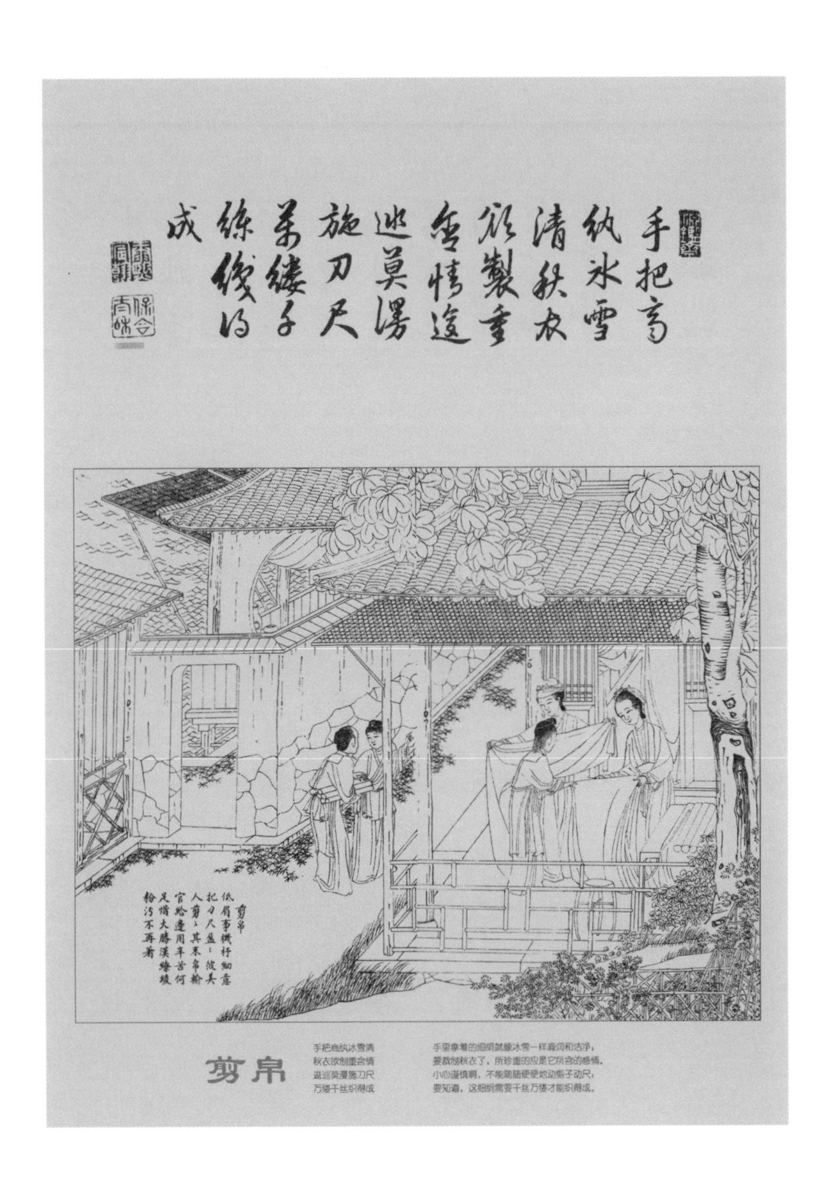

剪帛

手把鲛绡冰雪清
秋衣欲制重含情
逡巡莫漫施刀尺
万缕千丝织得成

手里拿着的细绢就像冰雪一样滑润和洁净；
要裁制秋衣了，所珍重的应是它所含的感情。
小心谨慎啊，不能随随便便地动剪子动尺；
要知道，这细绢需要千丝万缕才能织得成。

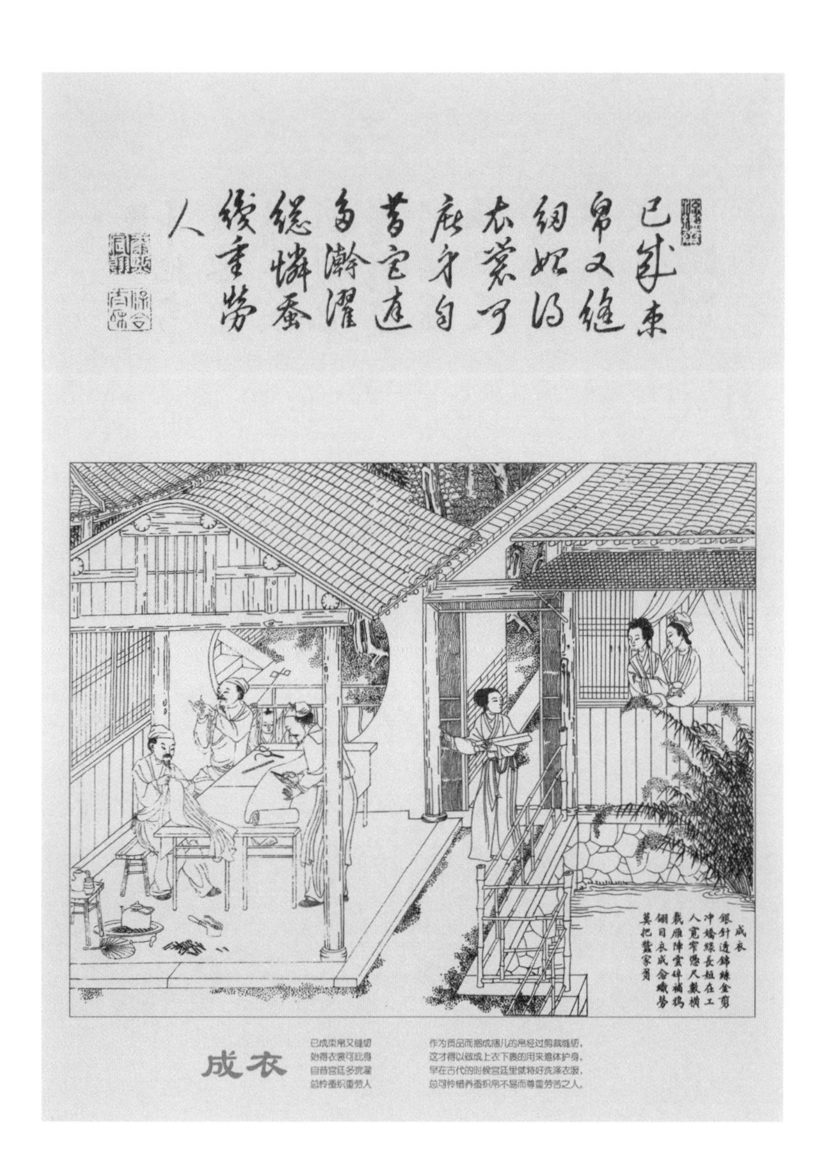
成衣
已成束帛又缝纫
始得衣裳可庇身
自昔宫廷多浣濯
总怜蚕织重劳人
作为贡品而捆成捆儿的帛经过剪裁缝纫，
这才得以做成上衣下裳的用来遮体护身。
早在古代的时候宫廷里就特好洗涤衣服，
总可怜惜养蚕织帛不易而尊重劳苦之人。

文件辑录

国家级非物质文化遗产代表作申报评定暂行办法

（国务院办公厅2005年3月印发）

第一条　为加强非物质文化遗产保护工作，规范国家级非物质文化遗产代表作的申报和评定工作，根据中华人民共和国宪法第二十二条“国家保护名胜古迹、珍贵文物和其他重要历史文化遗产”及相关法律、法规，制定本办法。

第二条　非物质文化遗产指各族人民世代相承的、与群众生活密切相关的各种传统文化表现形式（如民俗活动、表演艺术、传统知识和技能，以及与之相关的器具、实物、手工制品等）和文化空间。

第三条　非物质文化遗产可分为两类：(1)传统的文化表现形式，如民俗活动、表演艺术、传统知识和技能等；(2)文化空间，即定期举行传统文化活动或集中展现传统文化表现形式的场所，兼具空间性和时间性。

非物质文化遗产的范围包括：

（一）口头传统，包括作为文化载体的语言；

（二）传统表演艺术；

（三）民俗活动、礼仪、节庆；

（四）有关自然界和宇宙的民间传统知识和实践；

（五）传统手工艺技能；

（六）与上述表现形式相关的文化空间。

第四条　建立国家级非物质文化遗产代表作名录的目的是：

（一）推动我国非物质文化遗产的抢救、保护与传承；

（二）加强中华民族的文化自觉和文化认同，提高对中华文化整体性和历史连续性的认识；

（三）尊重和彰显有关社区、群体及个人对中华文化的贡献，展示中国人文传统的丰富性；

（四）鼓励公民、企事业单位、文化教育科研机构、其他社会组织积极参与非物质文化遗产的保护工作；

（五）履行《保护非物质文化遗产公约》，增进国际社会对中国非物质文化遗产的认识，促进国际文化交流与合作，为人类文化的多样性及其可持续发展做出中华民族应有的贡献。

第五条　国家级非物质文化遗产代表作的申报评定工作由非物质文化遗产保护工作部际联席会议（以下简

称部际联席会议）办公室具体实施。部际联席会议办公室要与各有关部门、单位和社会组织相互配合、协调工作。

第六条　国家级非物质文化遗产代表作的申报项目，应是具有杰出价值的民间传统文化表现形式或文化空间；或在非物质文化遗产中具有典型意义；或在历史、艺术、民族学、民俗学、社会学、人类学、语言学及文学等方面具有重要价值。

具体评审标准如下：

（一）具有展现中华民族文化创造力的杰出价值；

（二）扎根于相关社区的文化传统，世代相传，具有鲜明的地方特色；

（三）具有促进中华民族文化认同、增强社会凝聚力、增进民族团结和社会稳定的作用，是文化交流的重要纽带；

（四）出色地运用传统工艺和技能，体现出高超的水平；

（五）具有见证中华民族活的文化传统的独特价值；

（六）对维系中华民族的文化传承具有重要意义，同时因社会变革或缺乏保护措施而面临消失的危险。

第七条　申报项目须提出切实可行的十年保护计划，并承诺采取相应的具体措施，进行切实保护。这些措施主要包括：

（一）建档：通过搜集、记录、分类、编目等方式，为申报项目建立完整的档案；

（二）保存：用文字、录音、录像、数字化多媒体等手段，对保护对象进行真实、全面、系统的记录，并积极搜集有关实物资料，选定有关机构妥善保存并合理利用；

（三）传承：通过社会教育和学校教育等途径，使该项非物质文化遗产的传承后继有人，能够继续作为活的文化传统在相关社区尤其是青少年当中得到继承和发扬；

（四）传播：利用节日活动、展览、观摩、培训、专业性研讨等形式，通过大众传媒和互联网的宣传，加深公众对该项遗产的了解和认识，促进社会共享；

（五）保护：采取切实可行的具体措施，以保证该项非物质文化遗产及其智力成果得到保存、传承和发展，保护该项遗产的传承人（团体）对其世代相传的文化表现形式和文化空间所享有的权益，尤其要防止对非物质文化遗产的误解、歪曲或滥用。

第八条　公民、企事业单位、社会组织等，可向所在行政区域文化行政部门提出非物质文化遗产代表作项目的申请，由受理的文化行政部门逐级上报。申报主体为非申报项目传承人（团体）的，申报主体应获得申报项目传承人（团体）的授权。

第九条　省级文化行政部门对本行政区域内的非物质文化遗产代表作申报项目进行汇总、筛选，经同级人民政府核定后，向部际联席会议办公室提出申报。中央直属单位可直接向部际联席会议办公室提出申报。

第十条　申报者须提交以下资料：

（一）申请报告：对申报项目名称、申报者、申报目的和意义进行简要说明；

（二）项目申报书：对申报项目的历史、现状、价值和濒危状况等进行说明；

（三）保护计划：对未来十年的保护目标、措施、步骤和管理机制等进行说明；

（四）其他有助于说明申报项目的必要材料。

第十一条　传承于不同地区并为不同社区、群体所共享的同类项目，可联合申报；联合申报的各方须提交同意联合申报的协议书。

第十二条　部际联席会议办公室根据本办法第十条的规定，对申报材料进行审核，并将合格的申报材料提交评审委员会。

第十三条　评审委员会由国家文化行政部门有关负责同志和相关领域的专家组成，承担国家级非物质文化遗产代表作的评审和专业咨询。评审委员会每届任期四年。评审委员会设主任一名、副主任若干名，主任由国家文化行政部门有关负责同志担任。

第十四条　评审工作应坚持科学、民主、公正的原则。

第十五条　评审委员会根据本办法第六条、第七条的规定进行评审，提出国家级非物质文化遗产代表作推荐项目，提交部际联席会议办公室。

第十六条　部际联席会议办公室通过媒体对国家级非物质文化遗产代表作推荐项目进行社会公示，公示期30天。

第十七条　部际联席会议办公室根据评审委员会的评审意见和公示结果，拟订入选国家级非物质文化遗产代表作名录名单，经部际联席会议审核同意后，上报国务院批准、公布。

第十八条　国务院每两年批准并公布一次国家级非物质文化遗产代表作名录。

第十九条　对列入国家级非物质文化遗产代表作名录的项目，各级政府要给予相应支持。同时，申报主体必须履行其保护计划中的各项承诺，按年度向部际联席会议办公室提交实施情况报告。

第二十条　部际联席会议办公室组织专家对列入国家级非物质文化遗产代表作名录的项目进行评估、检查和监督，对未履行保护承诺、出现问题的，视不同程度给予警告、严重警告直至除名处理。

第二十一条　本《暂行办法》由部际联席会议办公室负责解释。

第二十二条　本《暂行办法》自发布之日起施行。

主要参考书目

1. 朱新予主编:《浙江丝绸史》,浙江人民出版社1985年版。

2. 朱新予主编:《中国丝绸史通论》,纺织工业出版社1992年版。

3. 王庄穆主编:《民国丝绸史》,中国纺织出版社1995年版。

4. 蒋猷龙、陈钟主编:《浙江省丝绸志》,方志出版社1999年版。

5. 赵丰主编:《中国古代丝绸设计素材图系》,浙江大学出版社2018年版。

6. 李琴生主编:《中国丝绸与文化》,团结出版社1992年版。

7. 李琴生主编:《浙江通志·蚕桑丝绸专志》(第105卷),浙江人民出版社2019年版。

8. 范金民、金文编著:《江南丝绸史研究》,农业出版社1993年版。

9. 罗瑞林、刘柏茂编著:《中国丝绸史话》,纺织工业出版社1986年版。

10. 袁宣萍编著:《浙江丝绸文化史话》,宁波出版社1999年版。

11. 陈兴蒉主编:《濮院镇志》,上海书店出版社1996年版。

12. 翁卫军主编:《杭州丝绸》,杭州出版社2003年版。

13. 顾国达著:《世界蚕丝业经济与丝绸贸易》,中国农业科技出版社2001年版。

14. 程长松主编:《杭州丝绸志》,浙江科学技术出版社1999年版。

15. 吴有志主编:《嘉兴丝绸志》,嘉兴市丝绸工业公司1994年编印。

图书在版编目(CIP)数据

濮绸溯源 ：兼论濮绸的非遗保护与传承创新 / 冯继延编著. — 杭州 ：浙江工商大学出版社，2021.5

ISBN 978-7-5178-4440-2

Ⅰ. ①濮… Ⅱ. ①冯… Ⅲ. ①丝绸－丝织工艺－非物质文化遗产－保护－研究－桐乡 Ⅳ. ①TS145.3

中国版本图书馆 CIP 数据核字(2021)第 069044 号

濮绸溯源——兼论濮绸的非遗保护与传承创新

PUCHOU SUYUAN——JIANLUN PUCHOU DE FEIYI BAOHU YU CHUANCHENG CHUANGXIN

冯继延 编著

责任编辑 徐 佳 钟仲南

责任校对 何小玲

封面设计 林朦朦

责任印制 包建辉

出版发行 浙江工商大学出版社

(杭州市教工路 198 号 邮政编码 310012)

(E-mail：zjgsupress@163.com)

(网址：http://www.zjgsupress.com)

电话：0571－88904980，88831806(传真)

排 版 杭州朝曦图文设计有限公司

印 刷 杭州高腾印务有限公司

开 本 880mm×1230mm 1/32

印 张 4.5

字 数 76 千

版 印 次 2021 年 5 月第 1 版 2021 年 5 月第 1 次印刷

书 号 ISBN 978-7-5178-4440-2

定 价 32.00 元